VERSTÄNDLICHE WISSENSCHAFT

NEUNZEHNTER BAND

DIE WELT DER SINNE

VON

W. v. BUDDENBROCK

SPRINGER-VERLAG

BERLIN · GÖTTINGEN · HEIDELBERG

1953

DIE WELT DER SINNE

EINE GEMEINVERSTÄNDLICHE EINFÜHRUNG IN DIE SINNESPHYSIOLOGIE

VON

W. v. BUDDENBROCK

O. Ö. PROFESSOR DER ZOOLOGIE AN DER UNIVERSITÄT MAINZ

ZWEITE, NEUBEARBEITETE AUFLAGE

6. — 11. TAUSEND

MIT 55 ABBILDUNGEN

SPRINGER-VERLAG

BERLIN · GÖTTINGEN · HEIDELBERG

1953

Herausgeber der Naturwissenschaftlichen Reihe:
Prof. Dr. Karl v. Frisch, München

ISBN-13: 978-3-642-86398-1   e-ISBN-13: 978-3-642-86397-4
DOI: 10.1007/978-3-642-86397-4

Brühlsche Universitätsdruckerei Gießen

Inhaltsverzeichnis

I. Von den Sinnen im allgemeinen

II. Die einzelnen Sinne

VIII

I. Von den Sinnen im allgemeinen

1. Die Umwelt des Tieres

Die Welt, die uns umgibt, ist durchflutet von unendlich vielen Kräften. Wenn wir an einem stillen Abend den Klängen lauschen, die der Radioapparat aus fernen Ländern uns vorzaubert, so wissen wir, daß ein buntes Durcheinander der verschiedensten elektromagnetischen Wellen uns umgibt und durchdringt. Sie sind überall, im wahrsten Sinne des Wortes allgegenwärtig, aber ohne den merkwürdigen Apparat, den der Mensch erschuf, würden wir gar nichts von ihnen gewahr werden. Die Radiowellen sind nun allerdings keine Naturerscheinungen, der Lautsprecher lehrt uns aber auch solche kennen. Es knackt und brummt, und wir wissen, daß irgend eine elektrische atmosphärische Entladung unsere Musikfreude beeinträchtigt. Diese Entladungen gibt es sicherlich, solange die Welt steht, wer sich aber auf seine natürlichen Sinne verläßt, vernimmt sie nicht.

Unser Auge lehrt uns die gleiche Beschränktheit unserer Sinne. Es ist das einzige Organ, mit dessen Hilfe wir solche elektromagnetische Wellen wahrnehmen. Es gibt nun solche in allen Dimensionen. In ununterbrochener Folge gehen sie von den kilometerlangen Wellen, deren die drahtlose Telegraphie sich bedient, bis zu den überaus winzigen ultravioletten Strahlen und den noch viel kleineren Röntgenstrahlen. In diesem riesigen Bereich ist uns durch unser Auge nur die schmale Zone des sichtbaren Lichts zugänglich, deren Grenzen bei ca. 800 $\mu\mu$ und 390 $\mu\mu$[1] liegen. Alle anderen Strahlen sind unserem Lichtsinn für ewig verschlossen.

Um das Bild zu vervollständigen, brauchen wir jetzt nur noch einen kurzen Weg in das Reich der Töne zu machen. Auch unserem Hörvermögen sind nach beiden Seiten unübersteigliche Schranken aufgerichtet. Wir hören keinen Ton, möge er noch so

---

[1] 1 $\mu\mu$ = 1 millionstel Millimeter.

stark sein, der weniger als 15 Schwingungen pro Sekunde macht, und ebensowenig alle diejenigen, deren Frequenz über 20000 Schwingungen pro Sekunde hinausgeht. Es fügen sich diese Beispiele, die sich leicht vermehren ließen, zu einem geschlossenen Bilde, in dem die Begrenztheit unserer Sinne zutage tritt. Wir sehen, daß es zwei verschiedene Welten gibt: Die große objektiv vorhandene, physikalische Welt, die der Physiker mit seinen Instrumenten mißt und wägt, und die subjektive Welt, die den Sinnen des Organismus zugänglich ist und die wir als seine Umwelt bezeichnen.

Wollen wir die Beziehungen der physikalischen Welt zu irgend einem Organismus studieren, so genügt natürlich der engste Ausschnitt um ihn herum; wir wollen ihn seine Umgebung nennen. Sie enthält alle überhaupt vorhandenen Kräfte, und wir können den Satz prägen, daß für alle Geschöpfe, die am selben Orte leben, die Umgebung identisch ist. Da die subjektive Umwelt stets nur ein kleiner Teil der Umgebung ist, folgt weiterhin, daß die Umwelt eines bestimmten Tieres nicht immer die gleiche ist, sie ändert sich mit der Umgebung. Wenn der Zugvogel vom Norden nach Afrika fliegt, wechselt seine Umgebung in recht beträchtlichem Maße und mit ihr auch alles, was das Tier wahrnimmt. Wichtiger ist aber vielleicht die Einsicht, daß in einer und der selben Umgebung die Umwelt weitgehend von der Organisation des Tieres abhängt, das folglich seine Umwelt selbst sich schafft. Jedes Tier besitzt seine eigene, nur ihm eigentümliche Umwelt, mit der es aufs engste zu einer untrennbaren Einheit verwoben ist, und die sich von der sämtlicher anderer Tiere unterscheidet.

Wir wollen uns dies an einem ganz einfachen Beispiele klar machen und hierzu annehmen, daß auf dem Zweige eines Baumes dicht nebeneinander zwei recht verschiedene Tiere sitzen, ein Vogel und eine Raupe. Ihre Umgebung ist völlig die gleiche, aber trotzdem lebt jedes in seiner eigenen Umwelt, die dem anderen verschlossen ist. Der Vogel schaut mit seinen scharfen Äuglein munter in die Runde. Nichts entgeht ihm, was auf der Landstraße geschieht oder auf dem benachbarten Felde. Er erspäht den Raubvogel, der hoch im blauen Äther seine Kreise zieht, so gut wie das Mäuschen, das im Laube raschelt. Die

Raupe dagegen sieht von allen diesen Dingen gar nichts. Die Natur hat sie nur mit einigen recht primitiven kleinen Augen versehen, mit denen sie höchstens unterscheiden kann, aus welcher Richtung die Sonnenstrahlen kommen und ob die Sonne scheint oder von Wolken verhüllt ist. Aber auch hiervon nimmt sie keine Notiz, solange sie wohlgeborgen im Geäst des Baumes sitzt. Die Raupe ist ferner vollkommen taub, für den Vogel ist dagegen die Luft mit den verschiedensten Stimmen erfüllt, von denen die der eigenen Artgenossen wichtigster Lebensinhalt sind. Es ist nun aber keineswegs so, daß der Vogel alle Trümpfe auf seiner Seite hat. Für ihn ist es ziemlich einerlei, ob er auf einer Eiche oder einer Linde sitzt. Baum, so meint er, ist Baum. Für die Raupe hingegen ist zwischen beiden Bäumen ein himmelweiter Unterschied, denn die Blätter des einen munden ihr herrlich, während sie lieber des Hungers stirbt, ehe sie ein einziges Blatt des anderen Baumes verzehrt.

Wir lernen aus diesem Beispiele, daß sich die Umwelten zweier Tiere auch bei völlig gleicher Umgebung grundsätzlich unterscheiden können. Es ist notwendig, sich dies völlig klar zu machen und sich an den eigenartigen Gedanken der subjektiven Umwelt zu gewöhnen, den erst der große Forscher Jakob von *Uexküll* († 1944) schuf. Früher ist stets der Fehler gemacht worden, daß man dachte, der Mensch sei das Maß aller Dinge und die Biene betrachte die Welt mit Menschenaugen, so wie wir es in der „Biene Maja" lesen. In Wirklichkeit gibt es für Mensch und Biene überhaupt nicht dieselben Dinge. Es gibt eine Bienenumwelt, eine Hundeumwelt, eine Umwelt für den Floh und wieder eine für den Bandwurm und so fort. Jedes Tier betrachtet die reale Welt mit seinen Sinnen und holt sich aus ihr nur das heraus, was für sein Leben wichtig und entscheidend ist.

Die Reichhaltigkeit der Umwelt wächst mit der Organisationshöhe eines Tieres. Man hat häufig darüber gestritten, wodurch sich denn letzten Endes ein höheres und ein niederes Lebewesen unterscheiden, und es ist dann wohl betont worden, daß das niedere Tier trotz seiner einfacheren Organisation seine Lebensaufgaben genau so gut erfülle wie das hochstehende die seinen. Jedes Tier ist in seine natürliche Umgebung eingepflanzt, in die es vollendet hineinpaßt, die Amöbe in den Schlamm des Tümpels, der Affe in den Urwald. Jede Kreatur ist in ihrer Weise vollkommen und keine hat vor der anderen etwas voraus. Dies alles ist richtig, wenn wir nur die Erhaltung des Lebens als das Kernproblem betrachten. Aber dennoch bleibt der unermeßliche Abstand zwischen hoch und niedrig bestehen und seine volle Größe erkennen wir erst, wenn wir die Umwelten beider betrachten.

Die Umwelt der niedersten Tiere ist von unsäglicher Armut. So gibt es bis zu den Würmern hinauf keinen Schall und für sie alle ist die Welt farblos, für viele in Finsternis gehüllt, und trotzdem stehen sie in ihrem Sinnesleben noch viel tiefer als etwa ein Mensch der zugleich blind und taub ist, denn auch der Tastsinn und der chemische Sinn leisten ungleich weniger als der unsere. Aber auch wenn derselbe Sinn bei verschiedenen Tieren vorhanden ist, leistet er doch oft gänzlich anderes. Es ist einfach unvergleichbar, was eine Schnecke, eine Biene und ein Vogel mit ihren Augen sehen, wenn sie das gleiche Objekt vor sich haben. Die Umwelt oder, wie man auch sagen kann, die Welt der Sinne, ist die Grundlage für alles, was der Organismus tut und unterläßt, sie ist auch die Basis für alles Psychische, was es in der Welt gibt.

Die Umgebung kann aber noch auf eine andere Art als durch Sinnesreize auf den Organismus einwirken. Wenn wir uns im Sommer an den Strand legen, um unsre Haut bräunen zu lassen, so sind hierbei gerade die ultravioletten Strahlen am wirksamsten, die wir mit unseren Augen nie und nimmer wahrnehmen können. Sie dringen aber in unsere Haut ein und verursachen die Pigmentbildung oder, wenn wir uns zu lange den tückischen Sonnenstrahlen aussetzen, den schmerzhaften Sonnenbrand. Die ultravioletten Strahlen gehören also nicht zu unserer Sinneswelt und trotzdem üben sie eine sehr kräftige Wirkung auf unseren Körper aus. Auch die Wirkung der Wärme liegt meistenteils außerhalb unserer Sinnessphäre. Wenn ein Kaltblüter, etwa ein Frosch, in eine kalte Umgebung gerät, so wird er dies zwar merken, aber die Wirkung, welche die Kälte auf den ganzen Körper, ja auf jede einzelne Zelle und damit auf den Stoffwechsel ausübt, hat hiermit gar nichts zu tun. Der Körper erleidet solche Einwirkungen, kann aber nicht auf sie reagieren.

In der Sphäre der Sinne ist dies gänzlich anders. Auf Grund der Sinneswahrnehmungen vermag der Organismus auf die Reize der Umwelt zu reagieren, aktiv und handelnd tritt er den Mächten entgegen, die in seinem Lebenskreise sich finden. Dies ist die tiefste und innerste Bedeutung unserer Sinne. Die Antworten, die das Lebewesen auf die Sinnesreize gibt, können sehr verschiedene sein, aber übereinstimmend kann von ihnen allen behauptet werden, daß sie dem Organismus förderlich und nützlich sind. Auf diesem sicheren Fundament ruht die Existenz jeder lebendigen Kreatur, die mit Hilfe ihrer Sinne ihr Leben meistert.

Ein neu hinzutretender Sinnesreiz ändert zumeist die Gesamtlage, in welcher der Körper sich befindet, er stört, wie man auch sagen kann, das bestehende Gleichgewicht, und der Körper reagiert, indem er, der abgeänderten Situation entsprechend, ein neues Gleichgewicht sich formt. Wir wollen uns dies an einem ganz einfachen Beispiel klarmachen. Wenn wir vom mäßig erleuchteten Zimmer plötzlich ins grelle Sonnenlicht hinaustreten, wirkt die übermäßige Lichtmenge störend. Das Auge reagiert aber sofort, indem es die Pupille verengert und die Lichtmenge heruntersetzt. Die Reaktion auf den Reiz löscht also seine Wirkung gewissermaßen aus. In der Sprache der Physiologen nennt man dies eine Regulation und man darf ohne allzu große Kühnheit den Satz aussprechen, daß sehr viele Reizwirkungen auf solche Regulationen hinauslaufen.

Mitunter liegen die Dinge etwas verwickelter, aber dem sich schließenden Kreise begegnen wir auch hier. Wenn der Hunger sich einstellt, wird das Tier unruhig. Wie der Jäger seine Hunde ausschickt, um das Wild aufzuspüren, so sendet das hungrige Tier seine Sinne aus, um neue Nahrung zu erspähen. Haben die Sinne das Tier zu ihr hingeführt, so wird der Magen gefüllt und der Hunger verschwindet, der am Anfang der ganzen Handlung stand.

So sind die Sinne für jedes Getier die sicheren Führer auf dem oft verschlungenen Pfade des Lebens. Wollen wir ihr Wesen und ihre Wirkung aber gründlich verstehen, so dürfen wir nicht bei dieser allgemeinen Erkenntnis stehenbleiben. Wir müssen die Sinne ein wenig aus der Nähe betrachten und hier lautet die erste Frage, mit welchen Elementen unseres Körpers wir fähig sind, die Reize unserer Umwelt in uns aufzunehmen.

2. Die Sinneszelle

Es ist nicht schwer, sich davon zu überzeugen, daß man mit dem Auge sieht, mit dem Ohr hört und mit der Nase riecht. Wenn man aber über diese ersten Erfahrungen des täglichen Lebens hinausgelangen will und den Versuch macht, Genaueres über den Sitz unserer Sinne zu erfahren, so kommt man schon nicht mehr ohne die strenge Wissenschaft aus, und wir müssen das Mikroskop zu Hilfe nehmen. Ein jeder weiß heute, daß unser ganzer Körper sich aus Zellen zusammensetzt. In allen Sinnesorganen, die es gibt, finden wir nun eine besondere Art von Zellen, die Sinneszellen, deren Eigenart darin besteht, daß sie mit einem feinen Nervenfäserchen in Verbindung stehen. Seine Aufgabe ist es, die Erregung, welche die Sinneszelle durch einen Reiz erleidet, dem Gehirn oder einem anderen Teile des Nervensystems zuzuführen. In manchen Fällen allerdings können die Sinneszellen ganz fehlen, wie bei unserem Tastsinn und Wärmesinn. Hier hat die Nervenfaser, die sich unter der Haut in zahlreiche feinste Äste aufspaltet, selbst die Aufgabe übernommen, den Reiz aufzunehmen. Mit diesem Sonderfall wollen wir uns aber nicht näher befassen.

Dagegen müssen wir uns sogleich einer recht schwierigen Aufgabe widmen und uns die Frage stellen, was ist eigentlich ein Reiz? Sie ist ganz sauber nicht zu beantworten, aber dies wenigstens können wir mit Sicherheit aussprechen, daß alle Reize, die unsere Sinnesorgane aufnehmen, stets physikalischer oder chemischer Art sind. Meist wird dies so aufgefaßt, daß der Sinneszelle durch den Reiz Energie zugeführt oder entzogen wird. Unsere Sinneszellen sind also sehr nüchterne exakte Gesellen, ihrem Berufe nach Physiker oder Chemiker. Der seelenvollste Blick ist letzten Endes nur ein optisches Signal und der zärtlichste Händedruck führt nur zu einer Deformierung so und so vieler berührungsempfindlicher Elemente unserer Haut.

Was in einer solchen Sinneszelle vor sich geht, wenn sie gereizt wird, wissen wir erst zum geringsten. Am besten ist die Lichtsinneszelle erforscht worden, die ein kleines chemisches Laboratorium darstellt. Man stellt sich gemeinhin vor, daß durch die Lichtwirkung ein Stoff S in zwei Komponenten P und A zerlegt wird. Ohne Licht haben diese beiden die Tendenz, sich wieder zu S zu vereinigen. Wenn viel Licht vorhanden ist, gibt es also wenig S und viel P und A, ist wenig Licht da, liegen die Verhältnisse umgekehrt. Bei Dauerlicht stellt sich ein Gleichgewichtszustand ein, der gestört wird, sobald das Licht sich ändert. Stets aber, auch bei Dauerlicht, finden in den Sehzellen chemische Änderungen der genannten Art statt, und sie sind es, die als Reiz wirken.

Wenn die Lichtsinneszelle unseres Auges durch Licht erregt wird, so ist es gewiß, daß das Licht als solches in unseren Körper nicht weiterdringt. Es dringt nicht etwa in den Sehnerven, und in unserem Gehirn herrscht ewige Finsternis, auch wenn die Sonne noch so hell scheint. Die Erregung, die der Nerv von der Sinneszelle zum Gehirn schickt, hat ihrer Natur nach nicht das mindeste mit dem Sinnesreiz zu tun. Dies ist keineswegs eine blasse Theorie, sondern läßt sich in manchem Einzelfalle haarscharf beweisen. Besonders deutlich ist dies vielleicht beim Wärmesinn. Wenn das in der Haut liegende Endorgan, das auf Kälte anspricht, durch Berührung mit einem kalten Gegenstande gereizt wird, kann es unmöglich die Kälte als solche zum Gehirn weiterleiten. Der Nerv, der als dünnes Fädchen zwischen den warmen Muskeln und Blutgefäßen ins Innere zieht, wäre zu einem solchen Prozeß denkbar ungeeignet. Er müßte ja die Kälte, die er transportieren soll, sofort an die benachbarten Gewebe abgeben.

Die spezifische Disposition. Unsere Sinneszellen sind also Detektoren, sie benachrichtigen den Organismus von den physikalischen oder chemischen Veränderungen, die in seiner Umwelt eintreten. Jede von ihnen ist im strengsten Sinne spezialisiert und nur fähig, auf solche Reize anzusprechen, für die sie ausschließlich gebaut ist. Eine Lichtsinneszelle läßt sich also in keiner Weise durch Töne aus ihrer Ruhe bringen oder durch mechanischen Druck. Dies alles ist kein Reiz für sie, aber auf die geringste Schwankung der Helligkeit spricht sie sofort an. Ein Tastkörperchen reagiert auf keine noch so starke Belichtung und ebensowenig auf chemische Reize, welcher Art sie auch seien. Man hat diese wichtige Eigenschaft der Sinneszelle, ihre Unangreifbarkeit allen Reizen gegenüber, für die sie nicht geschaffen ist, mit einem besonderen Namen belegt und bezeichnet sie als die „spezifische Disposition"; den Reiz, auf den die Sinneszelle allein anspricht, nennt man den adäquaten Reiz. Wie diese

Begrenztheit der Sinneszelle zustandekommt, ist uns vorläufig noch ein großes Rätsel, im Mikroskop sieht man wenig Unterschiede zwischen den einzelnen Sinneszellen, und andere versteht man nicht. Die Lichtsinneszellen der niederen Tiere sind oft durch einen Besatz von allerfeinsten Plasmahärchen ausgezeichnet (s. Abb. 1), oder sie tragen im Innern einen merkwürdigen Körper, das sogenannte Phaosom, das ebenfalls am Rande eine eigentümliche Streifung erkennen läßt. Was aber diese Strukturen letzten Endes bedeuten, wissen wir nicht. Auch die anderen Sinneszellen lassen keine deutliche Beziehung zwischen ihrem Bau und ihrer Funktion erkennen. Nur auf indirektem Wege können wir etwas über sie aussagen. Eine chemische Zelle, die Reize von außen aufnimmt, kann unmöglich tief im Innern des Körpers liegen, sie muß frei bis zur Oberfläche der Haut vorragen und zeigt häufig einen Plasmafortsatz, der nach außen vorragt. Es ist aber oft sehr schwierig, sie von einer Tastsinneszelle zu unterscheiden, die ebenfalls oft solche Plasmahärchen zeigt (s. Abb. 2).

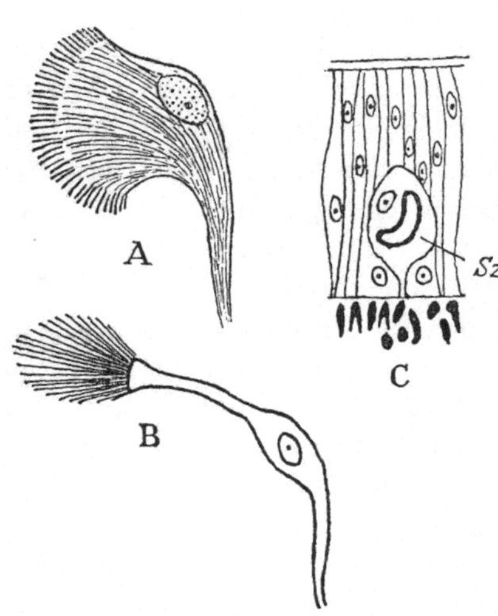

Abb. 1. Verschiedene Lichtsinneszellen niederer Tiere. *A* eines Plattwurms, *B* einer Schnecke, *C* Hautstück eines Regenswurms mit Sehzelle Sz.

Wie die meisten Gesetze der Biologie ist auch das der spezifischen Disposition von mancherlei Ausnahmen durchbrochen. Hin und wieder kommt es vor, daß eine Sinneszelle auf Reize anspricht, die nicht für sie gemünzt sind. Wenn man z. B. die Spitze der Zunge mit dem Finger leicht tupfend berührt, so erhält man deutlich den Eindruck eines säuerlichen Geschmackes. Dies ist nun aber keineswegs nach *Busch* zu interpretieren:

> „Gleich kennen wir den Fall genauer,
> der Finger schmeckt ein wenig sauer."

Man hat nämlich den gleichen Eindruck, wenn man ein ausge-
glühtes und also blitzsauberes Platinstück mit der Zunge in Berührung bringt, und hat so den Beweis in Händen, daß durch
solche leichte Berührung der Zunge eine Sinnestäuschung hervorgerufen wird. Auch bei den Tieren hat man gelegentlich Ähnliches gefunden. Die Meeresschnecke *Nassa* trägt am Hinterrand

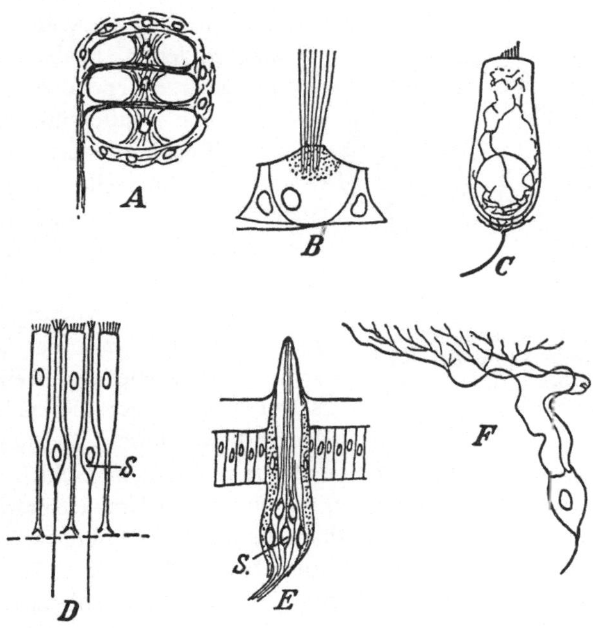

Abb. 2. Mechanische und chemische Sinnesendigungen. *A* Tastkörperchen aus dem Vogelschnabel, *B* Sinneszelle aus der Statocyste
einer Muschel, *C* Hörzelle der Maus *D* Riechzellen eines Säugetieres,
E eines Insektes, *F* Hautsinneszelle einer Libelle, *S* Sinneszelle.

ihrer Kriechsohle chemisch erregbare Sinneszellen. Sie haben eine
ganz bestimmte Spezialaufgabe, die Schnecke vor ihrem grimmig-
sten Feinde, dem Seestern, zu schützen; und daher ist die Haut-
ausdünstung dieses Raubtieres ihr eigentlicher adäquater Reiz.
Aber es hat sich gezeigt, daß die gleichen Sinneszellen auch auf
Laugen, Säuren, Hitze und elektrische Reize ansprechen. Sie sind
also gar nicht unangreifbar, und es liegt wohl nur am Fehlen all

dieser falschen „inadäquaten" Reize, daß im normalen Freileben nur die richtigen in Wirksamkeit treten.

Wenn wir zu der Erkenntnis gelangt sind, daß unsere Sinneszellen chemische oder physikalische Apparate sind, so sind wir zwar um ein beträchtliches klüger geworden, aber sofort erwachsen uns neue Schwierigkeiten. Wir haben gesehen, daß der Nerv, der die Sinneszelle mit dem Gehirn verbindet, nicht in der Lage ist, den Reiz selber, etwa das Licht oder die Wärme, zum Gehirn zu leiten, in dem unsere Empfindungen entstehen. Der Nerv ist ein indifferenter Leiter, wie ein Telephondraht. Er wird durch die Sinneszelle erregt und schickt diese Erregung, die im wesentlichen ein elektrisches Phänomen ist, mit meßbarer Geschwindigkeit zum Gehirn. Aber diese Erregung sagt gar nichts darüber aus, wie der Reiz beschaffen war, der sie auslöste. Unter diesen Umständen muß man sich fragen, wie es kommt, daß wir in unserem Gehirn überhaupt von dem etwas erfahren, was in unserer Umwelt geschieht.

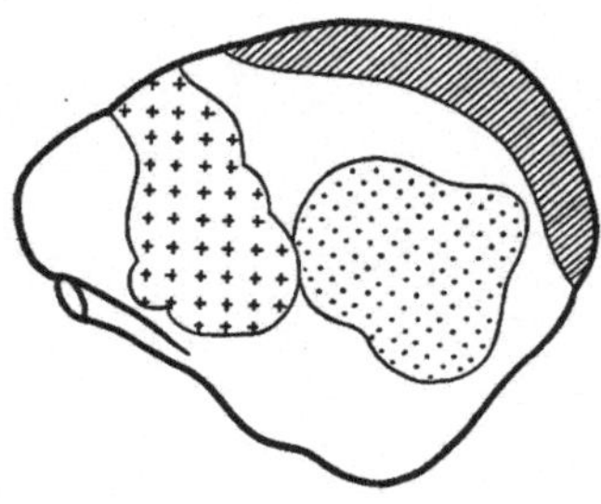

Abb. 3. Sensorische Projektionsfelder vom Gehirn der Katze. Nach *Woolsey* und *Fairman*. //// Sehsphäre, ::: Hörsphäre, +++ Tastsphäre.

Hier ist nun zum Verständnis sehr nützlich, unsere modernen technischen Apparate zu Hilfe zu nehmen. Auch beim Telephon geht zwischen Geber und Empfänger die Natur des Reizes völlig verloren. Der Telephondraht wird von rasch sich verändernden elektrischen Strömen durchflossen, die nicht die geringste Verwandtschaft mit der menschlichen Stimme besitzen, die in den Apparat hineinsprach. Im Empfangsapparat geschieht nun aber eine merkwürdige Umformung in Schall, so daß am Ende dieselbe menschliche Stimme wieder zum Vorschein kommt, die im Anfang als Reiz auftrat. Es bedarf keines Hinweises, daß es in unserem Gehirn keine solchen Empfangsapparate gibt, aber die Aufteilung des Ganzen in drei Teile: Geber - indifferenter Leiter - Empfänger ist hier und da die gleiche und wir müssen darüber nachdenken, in welcher Weise das Gehirn die schwierige Aufgabe bewältigt, als Empfänger zu wirken.

Die spezifische Energie der Sinneszentren. Jedem unserer Sinnesorgane: Auge, Nase, Ohr ist ein ganz bestimmter Teil unseres Gehirns zugeordnet. Der Sehnerv mündet in das Sehzentrum ein, die sogenannte Area striata, die im hintersten Teil unseres Großhirns gelegen ist, der Hörnerv in das Hörzentrum, das an den Seitenflächen liegt. Jedes dieser Zentren kann nun Erregungen der in es einmündenden sensiblen Nerven nur mit der Produktion der ihm eigentümlichen Empfindung beantworten. Es ist also ganz gleichgültig, wie das Sehzentrum gereizt wird, stets wird eine Lichtempfindung die Folge sein.

Man hat diese Fähigkeit der Sinneszentren, die neben der spezifischen Disposition unserer Sinnesorgane die Grundlage unseres ganzen Sinneslebens ist, mit einem nicht sehr glücklichen Ausdruck als ihre spezifische Energie bezeichnet. Dieses Wort stammt von dem berühmten Universalgenie *Joh. Müller,* der noch Physiologe, Anatom und Zoologe in einer Person war. Inzwischen hat das Wort Energie in Physik und Technik eine gänzlich andere Bedeutung gewonnen. Aber aus Gründen der Tradition hat man das alte Wort *Müllers* trotzdem beibehalten.

Um in einem solchen Zentrum die ihm spezifische Empfindung zu erwecken, sind die Sinneszellen selbst gar nicht erforderlich. Wenn man es fertigbekommt, den zu dem Zentrum hinführenden Nerven auf irgend eine Art zu alterieren, so genügt dies. Nerven sprechen auf alle möglichen Einwirkungen an, auf elektrische Ströme, auf mechanische Stöße usw. Daher kommt es, daß Zerrungen des Sehnerven zur Empfindung von Lichterscheinungen führen. Dies wußte bereits der alte Münchhausen. Als er auf der Bärenjagd war und bemerkte, daß er den Feuerstein zu Hause gelassen und also das Pulver nicht entzünden konnte, zielte er, schlug sich ins Auge, daß die Funken sprühten und das Pulver sich hiervon entzündete. Der Schuß krachte und erlegte das sich drohend nahende Raubtier.

Eines der bekanntesten Beispiele dieser Art liefert wohl der Schmerzsinn. Nach der Amputation eines Gliedes hat der Kranke noch häufig Schmerzen, als deren Sitz er mit größter Bestimmtheit etwa den Fuß angibt, der in Wirklichkeit gar nicht mehr vorhanden ist.

Im normalen Leben kommt eine derartige direkte Reizung der Sinnesnerven kaum jemals vor, die Erregung eines bestimmten Sinneszentrums im Gehirn kann daher in der Natur auf keine andere Weise zustande kommen als durch die Erregung der Sinneszellen, die mit ihm durch den verbindenden Nerven zu einer untrennbaren Einheit verschmolzen sind. Die spezifische Disposition der Sinneszellen und die spezifische Energie der Sinneszentren wirken hierbei zusammen: Das Sehzentrum wird also nur dann in Funktion gesetzt, wenn Licht in unser Auge fällt, das Hörzentrum, wenn Schallschwingungen unser Ohr erregen. Damit sind wir in unserer Erkenntnis einen Schritt weiter gekommen. Aber man muß sich klarmachen, daß hiermit gar keine logische Beziehung zwischen dem außen wirkenden Reiz und unserer Empfindung hergestellt ist. Eine solche gibt es eben einfach nicht. Unsere Empfindung Rot hat gar nichts zu tun mit der Wellenlänge des Lichts von 800 $\mu\mu$, der Geruch des Kampfers und die Konstitution desselben, die uns der Chemiker aufdeckt, sind Dinge aus zwei verschiedenen Welten, die sich in keinem Punkte berühren.

Die Zeichensprache der Sinne. Der große Naturforscher *Helmholtz*, dem wir auf den verschiedensten Gebieten der Physiologie und der Physik so vieles verdanken, hat auf Grund der hier vorgetragenen Erkenntnisse als erster den Satz geprägt, daß unsere Sinnesorgane uns keine getreuen Abbilder der uns umgebenden Welt liefern, sondern nur Zeichen derselben. Die wirklichen Eigenschaften der Dinge können wir mit unseren Sinnen überhaupt nicht erfassen, wir sitzen im unentrinnbaren Gefängnis unseres Gehirns und unserer Empfindungszentren. Diese Lehre ist nach dem Ausgeführten keine Hypothese, sondern eine nicht weiter zu bestreitende Tatsache. Aber unser gesunder Menschenverstand bäumt sich dagegen auf, sie erscheint ihm als eine blutlose Doktrin weltfremder Gelehrsamkeit. Ist es denn Lug und Trug, daß wir die Dinge dieser Welt leibhaftig und greifbar vor uns sehen?

Es ist nun in dieser schwierigen Lage ein sehr nützliches Unterfangen, sich einmal davon Rechenschaft zu geben, daß wir uns auch sonst im Leben hin und wieder solcher Zeichen bedienen. Die Sprache, der intimste Mittler von Mensch zu Mensch, geht

ohne Zweifel zurück bis auf die allerersten Anfänge menschlicher
Kultur. Ungezählte Jahrtausende hindurch ist sie nicht nur das
einzige Verständigungsmittel gewesen, sondern auch der einzige
Weg, auf dem die gesammelte Erfahrung zum Nutzen und From-
men aller späteren Geschlechter auf Kinder und Enkel überkom-
men konnte. Erst dann kam ganz allmählich die Schrift. Unsere
Schrift setzt sich nun auch aus Zeichen zusammen. Der Buch-
stabe U hat mit dem Ton des gesprochenen U ebensowenig
irgendwelche Ähnlichkeit wie dieser Ton, den wir hören, mit der
Schallwelle, die unser Ohr trifft. Der Buch-
stabe ist genau so ein Zeichen für den Ton
wie der Ton für die Schallschwingungen
und doch wissen wir, daß uns die verab-
redeten Schriftzeichen einen vollständigen
Ersatz liefern für das gesprochene Wort.

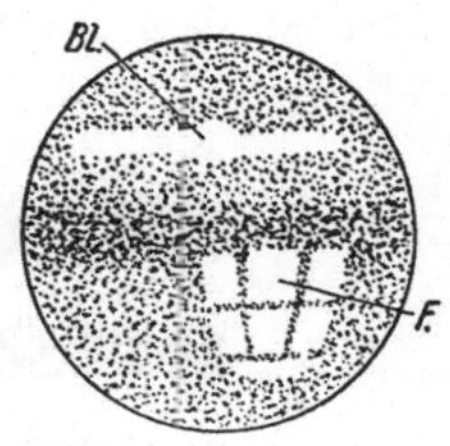

Abb. 4. Optogramm eines Kaninchenau-
ges. *Bl.* blinder Fleck
F Bild eines Fensters.

Wenn es aber auch keine Ähnlichkeit zwischen dem gesprochenen und geschriebenen
Wort gibt, so ist doch in einem Punkte
eine sehr weitgehende Übereinstimmung zwischen beiden zu konstatieren, nämlich in der
Aufeinanderfolge der einzelnen Elemente,
die das Wort zusammensetzen. Diese Erkenntnis können wir nun
völlig auf die Zeichen übertragen, die wir von unseren Sinnen
empfangen. Auch bei Auge und Ohr handelt es sich um die
Wiedergabe sehr vieler Einzelelemente, die beim Objekt in bestimmter Ordnung sich zusammenfinden. Beim Auge ist sie eine
flächenhafte. Wir haben in der Netzhaut unseres Auges einen
merkwürdigen roten Stoff, der bei Belichtung abblaßt. Stellt man
vor das Auge eines Wirbeltieres ein bestimmtes Bild, etwa ein
Fensterkreuz, tötet das Tier schnell im Dunkeln und behandelt
das herauspräparierte Auge mit gewissen chemischen Reagenzien,
so kann man auf der Netzhaut tatsächlich das Bild des Fenster-
kreuzes wiedererkennen (Abb. 4). Im Gegensatz zum Auge haben
wir beim Ohr eine zeitliche Ordnung vor uns. In derselben Rei-
henfolge, in welcher die Schallwellen unser Ohr treffen, empfinden
wir die Töne, und so ist auch hier eine viel innigere Beziehung
zwischen dem physikalischen Vorgang, der als Reiz erscheint, und
unserer Empfindung gegeben, als man zunächst glauben möchte.

3. Reizstärke und Reizerfolg

Es ist eine einfache Erfahrung des täglichen Lebens, daß die Stärke unserer Empfindungen mit der Stärke des äußeren Reizes wächst. Aber es hat der Wissenschaft außerordentlich viel Mühe gekostet, dahinterzukommen, worauf diese Abhängigkeit letzten Endes beruht. Die Schwierigkeit liegt hierbei nicht in der Sinneszelle. Daß die Lichtsinneszelle auf starkes Licht energischer reagiert als auf schwaches, ist, nach dem, was wir von ihr lernten, selbstverständlich. Aber das Verhalten des Nerven macht uns Kopfzerbrechen, denn er folgt, wie wir genauestens wissen, dem Alles-oder-

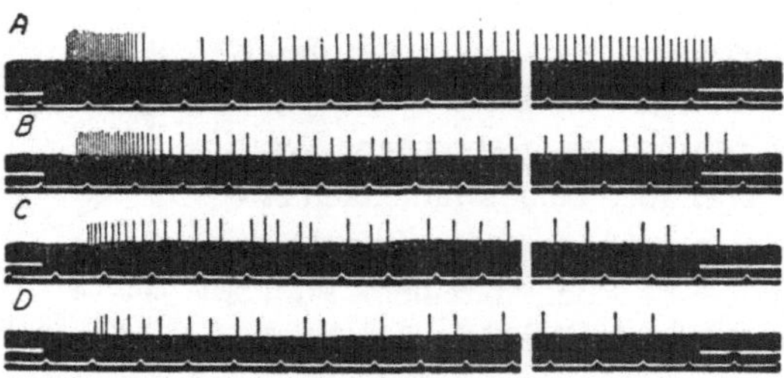

Abb. 5. Aktionspotentiale einer einzelnen optischen Nervenfaser von Limulus. Reizstärke *A* 0,1, *B* 0,01, *C* 0,001, *D* 0,0001 Einheiten. Nach *Hartline* 1932.

Nichts-Gesetz. Was es hiermit auf sich hat, können wir sehr leicht am Beispiele der Patrone ersehen, die dem gleichen Gesetz gehorcht. Eine Patrone kann man dadurch „erregen", daß man an ihrer empfindlichen Stelle, dem Zündplättchen, herumklopft. Hierbei gibt es nun zwei Möglichkeiten. Entweder ich klopfe zu schwach, dann passiert gar nichts, oder ich klopfe stark genug, dann explodiert die Patrone. Es bleibt aber ohne jeden Einfluß, wenn ich stärker klopfe als unbedingt erforderlich ist. Die Patrone kann entweder ganz oder gar nicht explodieren, ein Mehr oder Weniger gibt es für sie nicht. Es gilt für sie das Alles-oder-Nichts-Gesetz. Wenn dieses für den sensiblen Nerven auch gilt, dann ist es aber schwer einzusehen, wie die Abhängigkeit unserer Empfindung von der Reizstärke zustandekommen soll. Wir können aber unseren Vergleich etwas weiter ausdehenen, indem wir das Maschinengewehr heranziehen, dessen Patronen zwar auch dem Alles-oder-

Nichts-Gesetz folgen, das aber trotzdem langsamer oder schneller schießen kann. Erst die moderne elektrophysiologische Methodik, die uns gelehrt hat, die winzigen im Nerven auftretenden elektrischen Ströme, die sogenannten Aktionsströme, zu registrieren, hat uns Klarheit verschafft. Wir wissen heute, daß die Frequenz der elektrischen Entladungen des Nerven um so höher ist, je stärker die Sinneszelle gereizt wurde. Je höher diese Frequenz ist, desto stärker sind die Empfindungen in unserem Gehirn (Abb. 5).

Mit dieser Feststellung ist aber noch nicht alles gesagt, was sich über die Beziehung zwischen Reizstärke und Empfindungs-

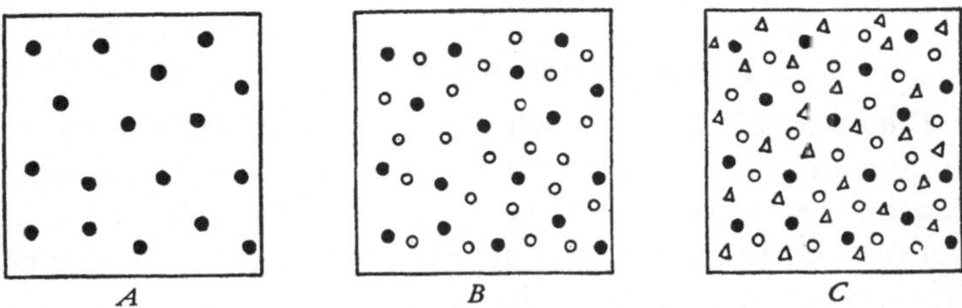

A   B   C

Abb. 6. Abhängigkeit der Sehschärfe von der Lichtstärke. Schema, unter der Annahme, daß die einzelnen Sehzellen verschiedene Schwellenwerte besitzen. *A* schwaches Licht, nur wenige Sinneszellen sind erregt, *B* mittleres, *C* starkes Licht.

stärke sagen läßt. Einem jeden ist es bekannt, daß unsere Sehschärfe in höchst auffälliger Weise von der Helligkeit abhängt. Wenn man im Wartesaal oder sonstwo ein gedrucktes Plakat betrachtet, so kann man die Zahlen und Buchstaben aus einiger Entfernung sehr gut erkennen, wenn der Raum hell beleuchtet ist. Bei schwacher Beleuchtung muß man sehr viel näher herantreten. Man hat versucht, diese Erscheinung durch die Annahme zu erklären, daß die einzelnen Sehzellen, mit denen wir das Plakat betrachten, eine unterschiedliche Reizschwelle besitzen. Was dies bedeutet, wollen wir uns an einem ganz einfachen Beispiele klarmachen. Wenn in einer Jugendherberge zehn junge Leute nach anstrengender Wanderung in den Schlaf des Gerechten versunken sind, wie wird es dann am nächsten Morgen beim Wecken aussehen? Ein oder zwei haben einen leisen Schlummer, sie wachen vielleicht schon auf, wenn sie die sich nahenden Schritte hören,

andere erwachen erst, wenn heftig an der Tür gepocht wird und
die beiden letzten müssen buchstäblich vom Strohsack gezogen
werden, ehe sie wieder zu sich selber kommen. Wir haben also
hier zehn Personen, von denen wir eine jede mit einer einzelnen
Sehzelle unseres Auges vergleichen können, und vermögen nun
zu beurteilen, wie eine verschiedene Reizschwelle einzelner sich
auswirkt. Bei hellem Licht wird im dichtgefügten Muster unserer
Netzhaut jede Sehzelle erregt, daher erkennen wir jetzt viele
Einzelheiten, bei mittlerem Licht fallen eine Reihe von Sehzellen
aus, weil ihre Schwelle nicht erreicht wird, das Raster ist jetzt
gröber und wir sehen schlechter, bei ganz schwachem Licht ist es
endlich ganz grob geworden[1].

4. Die Beantwortung des Sinnesreizes

Die Art und Weise, in der wir die Reizung unserer Sinnesorgane
beantworten, ist zwar im einzelnen außerordentlich mannigfaltig,
dennoch ist es leicht, alles auf die folgende Dreizahl zurückzuführen: Empfindung, Bewegung, Erregung. Dies wollen wir im
folgenden etwas genauer studieren.

Die Empfindungen. Die Empfindungen stehen am innersten Tor
unserer Seele und führen in ein Reich, in das außer uns selbst
kein einziger Zutritt hat. Die Empfindungswelt aller übrigen
Wesen, selbst der Menschen, die uns im Leben am nächsten stehen,
ist uns verschlossener als die Schatzkammer eines Sagenkönigs,
die von tausend Wächtern bewacht wird. Was eine Empfindung
eigentlich ist, vermag uns niemand zu sagen, sie ist eine der Urphänomene des Lebens, geheimnisvoll wie dieses selbst und auf
nichts anderes zurückführbar. Manche Philosophen lehren, daß
unsere Empfindungen das einzige real Gegebene sind, und daß
wir unser gesamtes Weltbild aus unseren Empfindungen erst
ableiten. Alles, was es auf Erden gibt, lernen wir nur durch unsere
Empfindungen kennen. Gäbe es sie nicht, so würden wir am
letzten Tage unseres Lebens nicht mehr wissen als im ersten
Moment, in dem das Licht dieser Welt unser Auge traf.

Wir begegnen daher hier, gleich an der Schwelle dieses Problems, einer sehr delikaten Frage. Wie steht es denn mit den

---

[1] Die Richtigkeit dieser Hypothese wird heute vielfach bestritten,
aber sie ist immer noch die plausibelste.

Empfindungen der anderen Lebewesen, unserer Mitmenschen, unserer vierbeinigen Lebensgefährten und wie mit den Empfindungen der niederen Tiere?

Wir machen am besten den Anfang bei unseren Mitmenschen. Hier wird es niemandem einfallen, zu leugnen, daß sie wie wir selbst Empfindungen besitzen, obgleich man nur durch einen Analogieschluß von sich auf die anderen ihre Empfindungen beurteilen kann. Bei den Tieren, auch bei den höchststehenden, ist die Sache schon nicht mehr ganz so einfach. Es ist eine der obersten Grundsätze unserer Wissenschaft, daß wir über die Empfindungen der Tiere nichts aussagen können. Dürfen wir aber hieraus schließen, daß sie wirklich keine Empfindungen haben? Daß dies wissenschaftlich unzulässig wäre, zeigt der folgende Vergleich. Der Mond, der als Trabant in getreuer Beständigkeit unsere Erde umkreist, zeigt ihr stets das gleiche Gesicht. Seine eine Hälfte ist der Erde ständig zugekehrt, die andere ihr abgewendet. Kein Astronom der Zukunft wird jemals etwas darüber aussagen können, wie es auf dieser anderen Seite des Mondes aussieht. Dennoch wird niemand behaupten, daß sie nicht existiert, und kein Mensch wird bestreiten, daß es vermutlich auf ihr so ähnlich aussehen wird wie auf der uns zugekehrten. Ganz genau so steht es mit den Empfindungen der Tiere. Daß wir nichts über sie aussagen können, bedeutet nicht, daß wir sie leugnen, sondern nur die Anerkennung einer Grenze, die unserem Wissen für ewig gesetzt ist.

Beim Menschen ist die Empfindung sehr oft die einzige Wirkung eines Reizes. Daß das, was wir immerfort sehen, hören oder fühlen, unseren Organismus irgendwie erregt, verrät für gewöhnlich nicht die allerkleinste Reaktion. Beantworten wir einen Licht- oder Schallreiz mit einer solchen, so geschieht dies stets auf dem Umweg über die vorangehende Empfindung. Erst sehen wir, und erst auf diesem Sehen baut der Entschluß sich auf, nach dem gesehenen Gegenstande zu greifen oder sonst irgend eine Handlung vorzunehmen.

Die Reflexbewegungen. Das unbedingte Vorherrschen der Empfindungen verführt leicht zu dem Glauben, daß es neben ihnen überhaupt keine andere Art gibt, auf Sinnesreize zu reagieren. Es ist aber unschwer, sich eines Besseren zu belehren. In zahllosen

Fällen reagiert der Organismus auf einen Reiz durch eine Bewegung. Sie kann zwar mit einer Empfindung einhergehen, es braucht dies aber nicht zu sein.

Es gibt aber auch Beispiele davon, daß unter Wegfall jeglicher Empfindung der Reiz nur durch eine Bewegung beantwortet wird. Ein jeder kennt dies von seiner Pupille. Mit maschinenmäßiger Exaktheit reagiert sie auf jegliche Veränderung des Lichts, das unser Auge trifft. Wenn wir aber keinen Spiegel zur Hand nehmen, merken wir selbst dies gar nicht, denn das Zusammenziehen unserer Iris ist von keinerlei Empfindung begleitet.

Die Pupillenbewegungen haben die Natur eines Reflexes, den wir auf diese Art als eine zweite, den Empfindungen gleichwichtige Form des Reagierens auf gewisse Reize kennenlernen. Ein Reflex verläuft auf einer fest vorgeschriebenen Nervenbahn (s. Abb. 7). Von der Sinneszelle wird die Erregung genau wie beim Empfindungsvorgang zunächst zum Zentrum geführt. Hier erfolgt automatisch, meist über eine oder mehrere Schaltstationen, die Weiterleitung zu einem motorischen Nerven, der die Erregung bis zu dem betreffenden Muskel fortführt. Mit derselben maschinenmäßigen Notwendigkeit, mit der die elektrische Klingel in der Wohnung anspricht, wenn draußen irgend jemand auf den Knopf drückt, zuckt der an einen Reflexbogen angeschlossene Muskel, wenn die dazugehörigen Sinneszellen von einem Reize getroffen werden.

Der Pupillenreflex ist einer der einfachsten Reflexe, die wir kennen. Er ist vollkommen automatisch und unserem Willen ganz

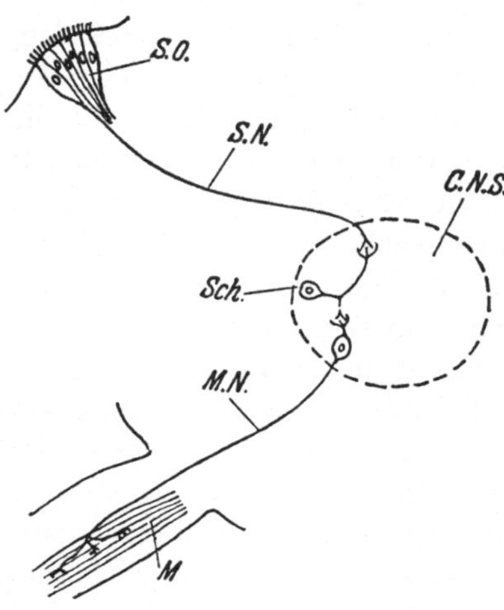

Abb. 7. Schema eines Reflexbogens. *S.O.* Sinnesorgan, *S.N.* sensibler Nerv, *C.N.S.* Zentralnervensystem, *Sch.* Schaltzelle, *M.N.* motorischer Nerv, *M.* Muskel.

und gar entzogen. In anderen Fällen ist die Schaltung komplizierter, aber auf jeden Fall darf man behaupten, daß die Reflexe in unserem Leben eine viel wichtigere Rolle spielen, als man sich gemeinhin vorstellt. Sehr viele unserer „willkürlichen" Bewegungen bestehen darin, daß wir durch einen Willensakt eine komplizierte Reflexmaschine in Gang setzen, die dann automatisch abläuft. Ein drastisches Beispiel hierfür sind die Augenbewegungen. Die meisten Menschen wissen gar nicht, daß sie sechs Augenmuskeln besitzen, und auch wenn sie es wüßten, würden sie nicht fähig sein, auch nur einen einzigen von ihnen so zu verkürzen, daß ihr Blick auf den gesuchten Gegenstand fällt. Indem wir den Entschluß fassen, einen Gegenstand anzusehen, der unsere Aufmerksamkeit erregt, betätigen wir einen Reflexapparat, der von unserer Netzhaut ausgeht, in höchst komplizierter Art über das Mittelhirn verläuft und bei den Augenmuskeln endet. Hier und in ähnlichen Fällen tun wir nichts anderes als der Autofahrer, der den Wagen vom ersten auf den zweiten oder dritten Gang umschaltet. Er macht nur eine einfache Handbewegung und setzt damit eine Maschinerie in Tätigkeit, die er sehr oft selbst gar nicht versteht.

Wie man sieht, kommt der Wille hierbei keineswegs zu kurz. Der Organismus, der auf einen Sinnesreiz reagiert, ist nicht der Sklave seiner Sinne und kein Reflexautomat. Der Organismus bedient sich seiner Reflexe, die seine niedersten Diener sind, aber man muß anderseits anerkennen, daß er ohne diese Diener hilflos wäre wie ein Kind. In der Hierarchie unseres Zentralnervensystems, die viel raffinierter und ausgeklügelter ist als die unserer Bürokraten, werden die Reflexe meist in einer sehr typischen Weise eingeordnet. Zunächst gibt es ein primäres Reflexzentrum ähnlich wie beim Pupillenreflex. Ihm ist aber ein Hemmungszentrum vorgeschaltet, das die Ausführung der Reflexbewegung normalerweise verhindert. Vor diesem endlich, in der höchsten Ebene, finden wir ein drittes Zentrum, welches die Wirkung des Hemmungszentrums aufhebt, sobald der Organismus dies will. Auf diese Art werden die ungebärdigen Reflexe dem Willen des Organismus dienstbar gemacht.

Die Erregung des Nervensystems. Als dritte Leistung der Sinnesorgane tritt neben die Empfindung und die Auslösung reflektorischer

Bewegungen die Erregung des Nervensystems. Ein jeder kennt die uralte Sage vom gewaltigen Simson, der seine Kraft verlor, als Dalila ihm im Schlafe die Haare abschnitt. Die Wissenschaft hat diese alte Sage zu neuem Leben erweckt, nur hat sie statt der Haare gewisse Sinnesorgane gesetzt. Eines derselben ist das sogenannte Labyrinth, das komplizierte Sinnesorgan, das bei allen Wirbeltieren vom 8. Hirnnerven versorgt wird und den Gleichgewichtsapparat sowie das Gehörorgan in sich einschließt. Das nebenstehende Bild zeigt eine Taube, der man das Labyrinth mit chirurgischen Mitteln beiderseits entfernt hat.

Abb. 8. Entstatete Taube mit Gewicht am Schnabel. Nach *Ewald*.

Man hat ihr eine kleine Bleikugel an den Schnabel gebunden, die sie sonst mit Leichtigkeit tragen würde. Aber jetzt ist sie so schwach, daß das geringe Gewicht von 20 g ihren Kopf niederzieht. Wir wissen auch, wie das Labyrinth wirkt. Seine Sinneszellen bilden insofern ein Kuriosum, als sie ständig, auch ohne jeden äußeren Reiz, Erregungen zum Nervensystem schicken. Es gibt viele solche Beispiele. Der athletische Taschenkrebs, der sonst mit seiner Schere mit Leichtigkeit einen Bleistift zerquetscht, wird zum Schwächling, wenn man ihm seine Gleichgewichtsorgane, die sogenannten Statocysten entfernt.

Nicht nur die Kraft der Muskeln, die natürlich auf Impulsen vom Nervensystem beruht, ist, wie diese Beispiele zeigen, vom Sinnesapparat abhängig, sondern auch die Beweglichkeit des Körpers. Wenn man einem Haifisch durch einen Schnitt das Rückenmark vom Gehirn abtrennt, kann man an diesem „Rückenmarksfisch“, der im Aquarium aufgehängt ist, stundenlang gleichförmige wellenartige Bewegungen sehen, die über den schlanken Körper hinweglaufen. Sie beruhen auf ständigen motorischen Impulsen, die das Rückenmark zu den Muskeln des Fischkörpers schickt. Diese Impulse sind aber keineswegs „spontan“. Zerschneidet man jetzt sämtliche sensiblen, von den Sinnesendigungen kommenden Bahnen, die zum Rückenmark ziehen, so bleibt das Präparat bewegungslos. Die Impulse, welche das intakte Rückenmark ständig zu den Muskeln schickt, beruhen also letzten Endes auf den Erregungen, die von der Haut und anderen Körperteilen dauernd dem Rückenmark zufließen.

Das Beweisendste auf diesem Gebiete kennen wir aber von den niederen Tieren. Im Mittelmeer lebt an felsigen Gestaden ein scheuer Wurm, *Hydroides uncinatus* (Abb. 9). Er verbirgt seinen weichen Leib in einer Kalkröhre, und nur sein zartes befiedertes Köpfchen schaut vorsichtig aus ihr hervor. Sobald das Licht sich etwas verändert, sei es, daß es stärker oder schwächer wird, zieht sich der Wurm blitzschnell in seine sichere Burg zurück. Ich stelle nun ein solches Tier, das normalerweise mit Sicherheit auf eine Verstärkung des Lichts um wenige Prozente anspricht, für einige Stunden in die Dunkelkammer und knipse dann plötzlich eine starke Lampe an. Für die Lichtsinneszellen des Tierchens, die sich an die lange Dunkelheit gewöhnt haben, muß der Reiz der Belichtung ganz außerordentlich stark sein, trotzdem zuckt der Wurm mit keiner Faser. Er ist durch die Dunkelheit unfähig geworden, selbst

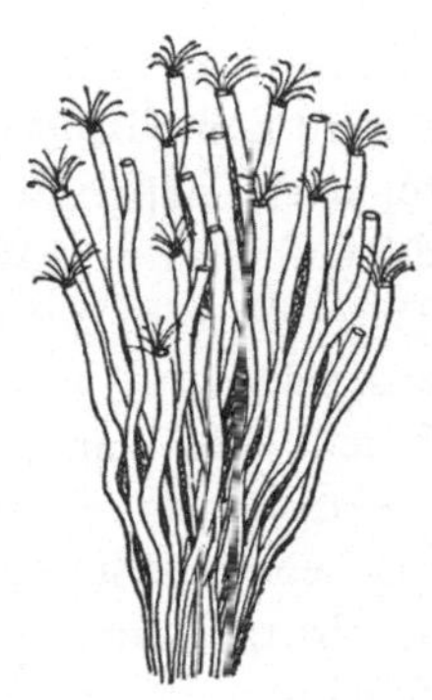

Abb. 9. Teil einer Kolonie von *Hydroides uncinatus.*

auf das stärkste Licht zu reagieren. Stellt man den Wurm wieder ins Helle, so kehrt ganz allmählich, Schritt für Schritt, die Empfindlichkeit wieder zurück.

Ganz ähnliches lehren uns die kleinen, munteren Medusen, die im Frühjahre in unseren Meeren sich tummeln. Viele von ihnen, die sogenannten Anthomedusen, haben am Schirmrande vier kleine, feuerrote Äuglein. Man wußte lange nicht, wozu sie eigentlich da sind, aber das folgende Experiment bringt eine überraschende Lösung. Die Medusen machen dauernd zuckende Schwimmbewegungen, ohne welche sie zum Meeresgrunde niedersinken würden. Die Physiologen bezeichnen sie als schwimmende Herzen. Wenn man ein Glas mit frischgefangenen solchen Tierchen für ein paar Stunden in die Dunkelkammer stellt, stellt eines nach dem anderen seine Schwimmbewegungen ein, und schließlich liegen sie alle auf dem Boden des Gefäßes. Bringt man sie wieder ans Tageslicht, so dauert es nicht lange, bis eins nach dem anderen sich durch stärkeres Pulsieren wieder etwas ins Wasser erhebt, und schließlich schwimmen sie allesamt wieder lustig umher. Hieraus können wir lernen, daß die roten Äuglein gar nicht zum Sehen da sind, wie wir es meinen, sondern hauptsächlich den Zweck haben, das Nervensystem zu erregen, damit es in den Stand gesetzt wird, die Muskeln zucken zu lassen.

Die Männer vom Fach haben diesen Dingen lange Zeit keine Aufmerksamkeit geschenkt, denn beim Menschen kennen wir Ähnliches deswegen nicht, weil die Maschinerie unseres Körpers viel zu kompliziert ist. Aber schließlich haben sie sich doch dem folgenden Experimente beugen müssen, das auf modernster Methodik aufgebaut ist. Wir haben es gelernt, vom Nervensystem eines Tieres die winzigen sogenannten Aktionsströme abzunehmen, die uns zeigen, in welchem Erregungszustande sich jeder Teil befindet. Tut man dies beim Flußkrebs, indem man zwei feine Elektroden an sein Nervensystem anlegt, so sieht man, daß die elektrischen Entladungen viel kräftiger werden, wenn man ein Auge belichtet. Jetzt sehen wir also die stimulierende Wirkung der Belichtung mit unseren eigenen Augen. Besonders interessant ist es, daß diese Wirkung eine geraume Zeit anhält, wenn wir das Auge wieder verdunkeln.

Empfindung, Reflexbewegung und Erregung des Nervensystems sind also die drei verschiedenen Wirkungen, die der Sinnesreiz zu entfalten vermag. Voneinander völlig unabhängig laufen sie oft nebeneinander her, ohne sich zu stören. Es sind drei sehr ungleiche Schwestern, denen wir hier begegnen. Jede ist in ihrer Art von höchster Bedeutung, aber die Krone müssen wir doch der Empfindung zuerkennen, welche die Grundlage unseres gesamten Lebens darstellt.

5. Die Sinnesorgane

In den allermeisten Fällen haben wir es nicht mit einzelnen Sinneszellen zu tun, die hier und da in der Haut verteilt sind, sondern mit einer Vielheit von solchen, die zu einer höheren Einheit, einem Sinnesorgan zusammengeschlossen sind. Sie sind eigentlich bei allen Tieren und in allen Sinnesgebieten nach demselben Schema gebaut: Um eine Ansammlung von Sinneszellen ist ein physikalischer Apparat herumkonstruiert, dessen Aufgabe es ist, die Leistung der Sinneszellen zu erhöhen. Daß es dabei zu ganz erstaunlichen Steigerungen kommen kann, sehen wir, wenn wir die Leistungen unseres Auges mit denjenigen eines Schneckenauges oder die unseres Ohrs mit den Leistungen des Gehörorgans etwa eines Insekts vergleichen.

Wie kommt nun aber diese Steigerung eigentlich zustande? Das beste Beispiel hierfür liefert eigentlich der Lichtsinn, bei dem es möglich ist, eine kontinuierliche Reihe aufzustellen von den einfachsten Augenflecken bis zu den höchstentwickelten Linsenaugen. Der Augenfleck, etwa einer Meduse, leistet mehr als ein lichtempfindliches Hautstück, das es bei anderen Tieren gibt, weil in ihm die Sinneszellen viel dichter beieinander stehen. Wenn ein Lichtstrahl ihn trifft, ist die Wirkung daher eine ungleich größere, und wir können sagen, daß ein solches Organ als Verstärker angesehen werden kann. Dieser Satz gilt nahezu für alle Sinnesorgane, die es gibt, und

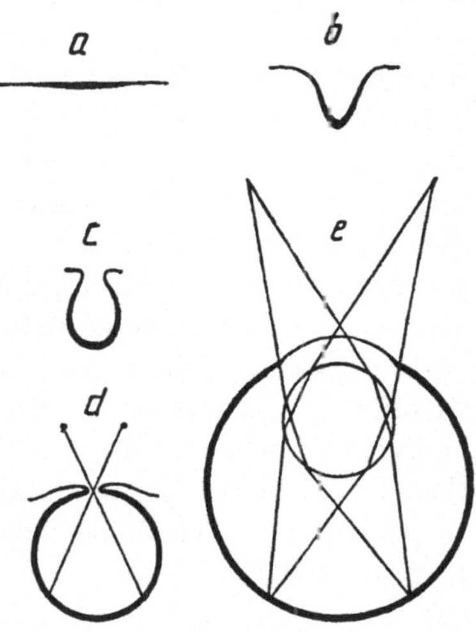

Abb. 10. Entwicklungsreihe vom Grubenauge bis zum Linsenauge. Näheres Text.

damit haben wir bereits eine wichtige Erkenntnis gewonnen.

Bedeutungsvoller ist jedoch die Tatsache, daß ein höher entwickeltes Sinnesorgan dem Tiere im allgemeinen erlaubt, feinere Unterschiede zu machen und mehr zu erkennen, als es mit einer bloßen Anhäufung von Sinneszellen möglich ist. Beim Lichtsinn können wir sehen, daß die erste Verbesserung darin besteht, daß sich die Sehzellen nicht außen auf der Haut, sondern in einer tiefen Grube befinden. Viele Meeresschnecken und Meereswürmer haben derartige Augen (Abb. 10b u. c). Mit Hilfe eines solchen Auges ist es dem Tiere bereits möglich, ungefähr die Richtung zu erkennen, aus welcher die Sonnenstrahlen kommen, eine Feststellung, die für die Ortsbewegung solcher Organismen von großer Bedeutung ist. Nun kommt in der Weiterentwicklung ein großer Sprung. Wenn sich das Grubenauge fast völlig schließt bis auf ein kleines Löchlein, welches den Lichtstrahlen Eintritt gestattet, dann haben wir bereits einen optischen Apparat vor uns, eine Lochkamera (Abb. 10d), wie sie mancher von uns in seiner Kinderzeit sich gebastelt hat. Eine solche Lochkamera vermag bereits etwas Erstaunliches, sie kann bei genügender Lichtstärke ein einigermaßen scharfes, umgekehrtes Bild der Umgebung auf der Netzhaut entwerfen. Der älteste noch lebende Tintenfisch, der *Nautilus*, verfügt über diesen seltsamen Apparat. Ein weiterer Schritt ist getan, wenn sich das Grubenauge völlig zum Blasenauge schließt. Ein solches Auge pflegt in der Regel eine wesentliche optische Verbesserung in Gestalt einer Linse aufzuweisen. Unsere Landschnecken haben derartige Augen, gelegentlich kommt aber dieser Typus schon bei sehr niederen Tieren vor, z. B. bei den Borstenwürmern und gewissen Quallen. Eine Linse kann, wie wir von unseren Augen sowie von unseren photographischen Apparaten wissen, ein sehr wichtiges Hilfsmittel bei der Entwerfung guter Bilder sein, aber in diesen einfachsten Fällen hat sie wahrscheinlich die Bedeutung einer Sammellinse. Bei einer Lochkamera ohne Linse kann nur ein ganz enges Strahlenbündel, das von einem leuchtenden Punkte ausgeht, die Netzhaut erreichen. Das hat zur Folge, daß das Bild nur sehr lichtschwach ist. Die Linse erlaubt dem Auge eine viel größere Öffnung, weil sie alle Strahlen, die sie von einem Punkte empfängt, wieder zu einem Punkte auf der Netzhaut vereint. Das Linsenauge vermag also ein viel helleres Bild zu entwerfen.

Nur bei zwei Tiergruppen, den Tintenfischen und den Wirbeltieren (Abb. 10e), hat sich die Natur ein höheres Ziel gesetzt und durch zusätzliche Einrichtungen: Pupillenspiel, Nah- und Ferneinstellung usw. Apparate geschaffen, die in vollendetem Maße geeignet sind, Bilder zu entwerfen. Überblickt man die ganze Entwicklungsreihe, so läßt sich der Satz aussprechen, daß mit zunehmender Vervollkommnung der technischen Apparatur der Sinnesorgane die Umwelt des Organismus immer reichhaltiger wird.

Es können sogar durch derartige technische Hilfseinrichtungen ganz neue Sinne entstehen. So gibt es wahrscheinlich gar keine eigentlichen Hörzellen. Wenn wir aus der verborgenen Tiefe

unseres Ohres die feinen Sinneszellen herausholen könnten, ohne
sie zu beschädigen, so würden wir vielleicht nachweisen können,
daß sie auch auf Druck und andere mechanische Reizung an-
sprächen. Im Apparate des Ohres dagegen reagiert jede von ihnen
nur auf Töne einer ganz bestimmten Höhe. Warum? Auf Druck
und Zug kann sie im Ohre deswegen nicht ansprechen, weil sie,
tief im Labyrinth des Schädels verborgen, solchen Reizen niemals
ausgesetzt ist. Daß sie nur auf eine bestimmte Tonhöhe reagiert,
liegt daran, daß der Schall zuvörderst einer schwingenden Membran zugeleitet wird, die aus ca. 20000 nebeneinanderliegenden
kleinen Fäserchen besteht. Auf jeden Ton schwingt nur die Faser
mit, die sich mit ihm in Resonanz befindet. Dieses Mitschwingen
aber überträgt sich nur auf die Sinneszellen, die der betreffenden
Faser aufgewachsen sind. So sieht man, daß die Unterscheidbar-
keit verschiedener Töne in erster Linie auf der technischen Konstruktion des Ohres beruht und nicht auf der spezifischen Wesen-
heit verschiedener „Hörzellen".

Sinnesorgan und Zentralnervensystem. Durch die enge Beziehung
zur Umwelt sind unsere Sinnesorgane zu Gestaltern unserer subjektiven Umwelt geworden, welche die Grundlage unseres psychi-
schen Lebens ist. Es würde aber ganz falsch sein, wenn man die
ganze Stufenreihe der geistigen Entwicklung im Tierreiche nur
als eine Folge der Leistungssteigerung der Sinnesorgane ansehen
wollte. Genau so wichtig ist die Leistungsfähigkeit des Nervensystems, jenes merkwürdigen Zentralorgans, welches die Reize, die
von den Sinnesendigungen aufgenommen werden und von den
Nerven weitergeleitet werden, aufnimmt und verarbeitet. Ebenso
wie wir beim Lichtsinn alle Übergänge finden können zwischen
der einfachen Ausbreitung von Lichtsinneszellen in der Haut und
dem Wunderwerk unseres Auges, ebenso steigen wir vom Tiefsten
zum Höchsten empor, wenn wir das Nervensystem eines Polypen
mit dem unerforschlichen Sitze unserer Seele, dem Gehirn des
Menschen vergleichen.

Die Beziehungen zwischen beiden Stationen, dem Sinnesorgan
und dem Nervensystem, wollen wir uns im folgenden etwas
näher ansehen. In den wärmeren Meeren tummeln sich neben un-
zähligem anderen Getier auch die merkwürdigen Cubomedusen,
so genannt, weil sie im Querschnitt einigermaßen viereckig

erscheinen. Den Naturforscher interessieren an ihnen hauptsächlich ihre ungewöhnlich entwickelten Augen. Sie sitzen an den sogenannten Randkörpern, gestielten Organen, die in kleinen Grübchen versteckt in Vielzahl am Glockenrande sitzen. Jeder Randkörper hat mehrere solcher Augen, die keineswegs einfache

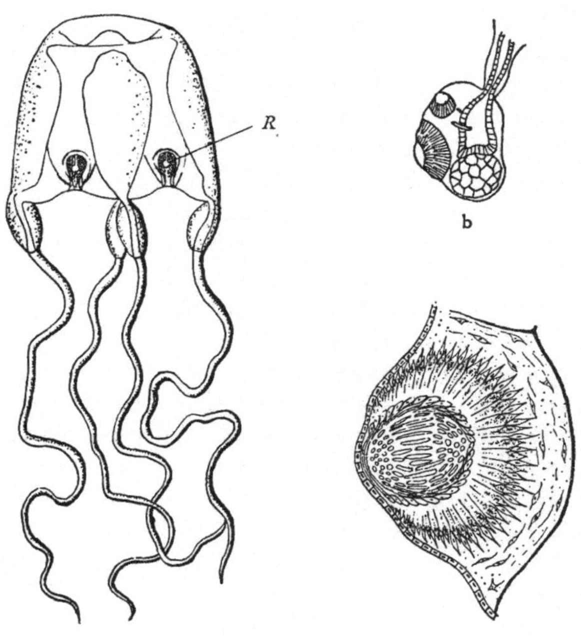

Abb. 11. Würfelqualle *Charybdaea marsupialis*. a Tier total, b Randkörper mit Augen und Statocyste, c Schnitt durch ein Auge bei stärkerer Vergrößerung. *R* Randkörper.

Pigmentflecke sind, sondern ganz ähnlich aussehen wie das Auge eines kleinen Wirbeltieres. Man erkennt eine große kugelige Linse, einen Glaskörper und im Hintergrunde eine wohlentwickelte Netzhaut. Was macht nun die Meduse mit einem so komplizierten Auge? Physikalisch wäre es wohl imstande, ein, wenn auch schlechtes Bild zu entwerfen, aber die Meduse könnte ja mit einem solchen Bilde gar nichts anfangen, weil sie gar kein Gehirn besitzt. Alles, was sie hat, ist eine unregelmäßige Anhäufung von Nervenzellen an der Basis der Randkörper. Die wirkliche Funktion dieser Augen hat noch niemand ergründet, aber es ist mit großer Wahrscheinlichkeit anzunehmen, daß sie weiter nichts leisten, als das trübe Licht, das bis zu ihnen gelangt, wie in einem Brennglase zu sammeln und dadurch seine Reizwirkung zu erhöhen.

Wir wollen aus diesem ersten Beispiele nur dies lernen, daß zum Bildersehen zweierlei gehört: ein Auge, das als physikalischer Apparat so gut ist, daß er ein Bild aufzunehmen vermag, und ein Gehirn, das in der Lage ist, dieses Bild auszuwerten und zu verstehen. Wo das zweite fehlt, kann sich das erste nicht auswirken. Nur bei den höchstentwickelten Tieren hat die Natur in der Zusammenarbeit von Sinnesapparat und Nervensystem eine gewisse Vollkommenheit erreicht und so versteht es sich, daß dieses verwickelte Problem am meisten bei den Säugetieren studiert worden ist. Die Anwendung elektrischer Registriermethoden hat hier erstaunliche Tatsachen ans Licht befördert. Wenn man das freigelegte Gehirn des narkotisierten Versuchstieres mit

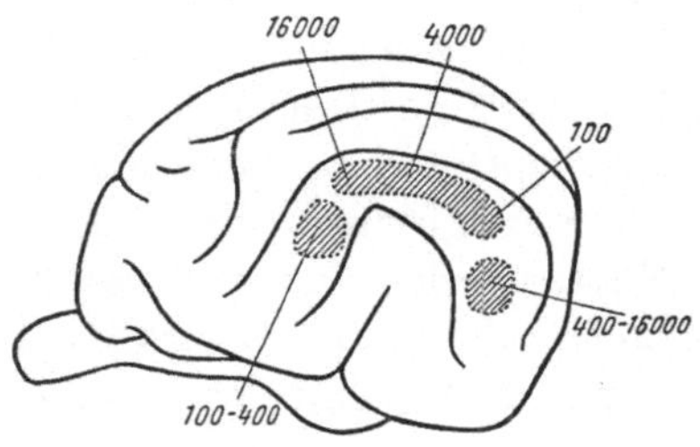

Abb. 12. Hörsphäre vom Gehirn des Hundes. Die Zahlen bedeuten die Wellenlänge der wahrgenommenen Töne.

feinen Elektroden abtastet und gleichzeitig ein bestimmtes Sinnesorgan, z. B. das Ohr mit Tönen reizt, dann kann man feststellen, welcher Hirnteil mit dem Ohre verbunden ist und also auf die Töne reagiert. Wir sehen dann, wenn wir die Elektrode an der richtigen Stelle eingestochen haben, eine deutliche elektrische Entladung. Eine planmäßige Erforschung der ganzen Hirnoberfläche hat nun gezeigt, daß z. B. in den Seitenfeldern des Hundehirns eine Region sich findet, in der die Empfangsstationen für zahlreiche Töne fein säuberlich nach der Tonhöhe geordnet nebeneinanderliegen (Abb. 12). Am meisten vorn die höchsten Töne, zuhinterst die tiefsten. Daneben liegen noch zwei gedrungenere Areale, von denen das eine nur die tiefen Töne, das andere alle höheren verarbeitet.

Mit dem Worte verarbeiten wollen wir nur schüchtern umschreiben, daß wir nichts Näheres davon wissen. Nur soviel darf gesagt werden, daß an diesen Stellen die elektrischen Erregungen der Nerven in Empfindungen umgewandelt werden.

Bei den übrigen Sinnen liegen die Dinge beim Säugetier sehr ähnlich wie beim Gehörsinn und es läßt sich im ganzen sagen, daß jeder Sendestation außen an der Peripherie eine Empfangsstation im Gehirn entspricht (s. auch Abb. 3). Erstaunlich ist es zu sehen, wie sehr sich diese Beziehungen mit der steigenden Organisationshöhe und der Spezialisierung der Tiere auf einzelne Sinnesgebiete entwickeln. Für die Repräsentation des Tastsinnes gibt es z. B. beim Kaninchen nur eine kleine Stelle in der Schläfengegend des Gehirns, beim Schwein, das eine äußerst tastempfindliche Schnauze, im übrigen aber eine recht derbe Körperhaut besitzt, ist anscheinend nur die erste durch ein recht stattliches Feld repräsentiert. Bei Katze und Hund, die ihre Vorderfüße in der mannigfachsten Weise, besonders beim Beutefang und beim Fressen, gebrauchen, sind diese Körperteile hinsichtlich ihres Tastsinnes sehr gut im Gehirn repräsentiert. Bei den Huftieren dagegen, deren Beine nur zum Stehen und Gehen benutzt werden, weit weniger. Beim Affen endlich finden wir im Gehirn einen langen und schmalen Streifen, der dem ganzen Körper gilt. Das größte Areal in diesem Streifen steht mit dem Gesicht und dem Arm in Beziehung, aber auch der Rücken, das Hinterbein und sogar der Schwanz haben ihre Vertretung.

Die Repräsentation des Gesichtssinnes liegt in der hintersten Zone des Gehirns. Sie ist, was nicht weiter verwunderlich erscheint, beim Menschen viel besser entwickelt als bei irgend einem Tier. Es bedarf keiner Erwähnung, daß man mit Menschen keine derartigen Versuche angestellt hat, aber die Pathologie hat uns ein unendliches Material geliefert. Wenn ein Kranker eine bestimmte Sehstörung zeigt, kann man später nach seinem Tode genau kontrollieren, welche Hirnstelle versagt hat.

Wir besitzen nicht nur ein allgemeines Sehzentrum, die sogenannte Area striata, sondern in einer besonderen Abgrenzung auch eines für optische Erinnerungsbilder und etwas abseits gelegen ein optisches Sprachzentrum.

Das Zusammenspiel von Sinnesorgan und Gehirn kann uns aber noch zu anderen, ein wenig philosophischen Betrachtungen verführen. Wenn man ein niederes Wirbeltier, etwa einen Dorsch,

mit einem gleichgroßen höheren, etwa einer Katze vergleicht
(s. Abb. 13), so kann man sehen, daß die Sinnesorgane dem Gehirn
sehr in der Entwicklung voraus sind. Ein mittelgroßer Dorsch hat
Augen, die sich in ihrer Größe und auch in ihrem Innenbau sehr
wohl mit den Augen der Katze auf eine Stufe stellen lassen.
Der Fisch müßte also, wenn es nur auf die Augen ankäme, ähnlich
viel sehen und unterscheiden können wie diese. Die Erfahrung
lehrt jedoch, daß er ein recht dummes Geschöpf ist, und daß er
nur in sehr mangelhafter Weise versteht, von seinen. schönen

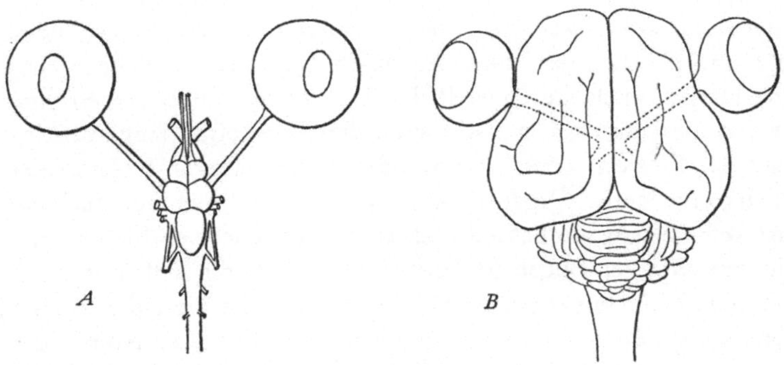

Abb. 13. Auge und Gehirn *A* eines Dorschs und *B* einer Katze, in
gleichem Verhältnis verkleinert. Original.

Augen einen vernünftigen Gebrauch zu machen. Er schnappt nach
dem, was er sieht; wenn es größer ist als er selbst, dann nimmt
er wohl auch Reißaus. Er erkennt sein Weibchen und wohl auch
seinen Nebenbuhler, mit dem er sich in einen Raufhandel ein-
lassen will. Aber damit dürften seine natürlichen Leistungen so
ziemlich erschöpft sein. Im Dressurversuch kann man ihn freilich
zu allen möglichen Kunststücken abrichten. Der Fisch lernt es,
verschiedene Buchstaben zu unterscheiden, kommt also ange-
schwommen, um sein Futter zu holen, wenn er den Buchstaben *L*
sieht, dagegen nicht, wenn man ihm ein *R* zeigt. Aber zu diesen
Leistungen muß ihm eben der Mensch seine hilfreiche Hand
leihen.

Wenn man nun begreifen will, wie es kommt, daß der Fisch so
viel weniger sieht als ein gleichgroßes Säugetier, so braucht man
nur das Gehirn beider miteinander zu vergleichen (s. Abb. 13).

Der Fisch kann seine Augen nicht völlig ausnützen, weil er ein zu gering entwickeltes Gehirn besitzt. Diesen Satz können wir verallgemeinern. Wahrscheinlich ist kein einziges Tier in der Lage, die Anregungen, die es durch seine Sinnesorgane empfängt, ganz auszuschöpfen. Das meiste, was die Tiere mit ihren Sinnen wahrnehmen, prallt an der undurchdringlichen Mauer ihres geistigen Unvermögens ab.

Das eigentümliche Voraneilen der Entwicklung der Sinnesorgane vor derjenigen des Gehirns ist nun aber zugleich die letzte Ursache dafür, daß es im Tierreich eine steigende geistige Entwicklung gibt. Das Hirn braucht nämlich nur seine Leistungen den Ansprüchen der Sinnesorgane ein wenig anzugleichen, dann weitet sich auch die Umwelt des Tieres aus, und es stehen ihm, wenn die Umstände günstig sind, die Wege offen zum Aufstieg aus der Finsternis des Unverstandes in die lichteren Höhen einer vollkommeneren Organisation. Was wir uns hier überdachten, ist keine blasse, am Schreibtisch ersonnene Theorie. Blättern wir im ehrwürdigen Buche der Erdgeschichte, das die Erde mit ihrem eigenen Leibe uns schrieb, so sehen wir, daß die Tiere der Vorzeit unstreitig dümmer waren als die heutigen. Die alten Saurier der Jurazeit hatten ein so kleines Gehirn, daß es die größten Schwierigkeiten gemacht hat, seinen Hohlraum im Schädel aufzufinden, und die Vorahnen des Pferdes hatten ein viel kleineres Gehirn als die Pferde der Jetztzeit.

Es geht also unzweifelhaft vorwärts in der Welt, allem Pessimismus zum Trotze! Nur der Mensch, der sinnend dies betrachtet, denkt mit Schrecken daran, wie groß wohl die Köpfe seiner Nachfahren in der nächsten geologischen Periode werden müssen!

6. Der Sitz der Sinne

Uns Menschen, die wir gewohnt sind, uns selbst als das Maß aller Dinge zu betrachten, erscheint es als eine Selbstverständlichkeit, daß auch bei allem Getier die wichtigsten Sinnesorgane wie bei uns im Kopf sich befinden. Mit dem Kopf sehen, hören, riechen und schmecken wir, und nur die sogenannten niederen Sinne, die es überhaupt nicht zur Ausbildung wirklicher Sinnesorgane gebracht haben, verteilen sich auch über andere Stellen unseres Körpers. In Wirklichkeit liegen die Dinge bei den Tieren

oft sehr anders. Die Sinnesorgane, die dazu berufen sind, das
Tier über seine Umwelt zu unterrichten, liegen stets dort, wo sie
am besten die Reize empfangen können, und dies kann je nach
dem Bauplan des Tieres recht verschieden sein. Eine bevorzugte
Sonderstellung kommt dem Kopf allerdings bei den meisten Tieren
zu, aber ein Monopol besitzt er nicht.

Was ist denn überhaupt ein Kopf? Die allereinfachsten viel-
zelligen Tiere, die wir kennen, die Schwämme und Nesseltiere,
haben nichts dergleichen
(Abb. 14). Sie sind strahlig
gebaut wie eine Blume, und
es gibt für sie weder ein
Vorn noch ein Hinten, weder
Rechts noch Links. Es hängt
dieser Bau nach der Ansicht
der Fachgelehrten wohl damit zusammen, daß sie, wie
die Blumen festsitzend, orts-
gebunden ihr Leben ver-
bringen oder frei im Meere
sich tummeln. Aber die aus
ihnen vor Urzeiten sich ent-

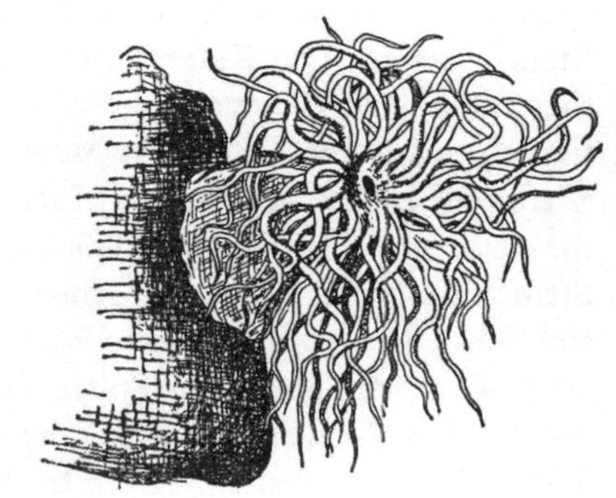

Abb. 14. Seerose (Anemone sulcata)
an einem Felsen sitzend.

wickelten Tiere lernten es, herumzukriechen, und unter Einwir-
kung dieser neuen Lebensweise gaben sie den strahligen Bau auf.
Ihr Körper zerfiel jetzt in eine rechte und in eine linke Hälfte,
und sie mußten sich gewöhnen, in einer bestimmten, ein für alle-
mal festgelegten Richtung vorwärts zu kriechen. Der Vorderpol,
der hierbei entstand, war nun selbstverständlich derjenige Körperteil, der als erster und vorzugsweise mit den Reizen der Umwelt
in Beziehung trat, und so entstanden vor allem hier Augen, Ge-
ruchs- und Tastsinnesorgane. Endlich gelangte auch der Mund
an diesen Pol, und damit war der Kopf, wie wir ihn gewohnt
sind, fix und fertig. Es ist also schon eine gute Regel, daß die
wichtigsten Sinnesorgane am Kopfe sitzen, aber sie ist von recht
vielen Ausnahmen durchlöchert, die wir uns jetzt ein wenig im
einzelnen ansehen wollen.

Die Muscheln z. B. haben ihren Kopf, den sie unleugbar früher
besessen haben, wieder verloren. Die Region, in der der Kopf

liegen müßte, befindet sich zwischen den beiden Schalen, so daß unmöglich irgend ein Reiz der Außenwelt zu ihr gelangen kann. Alle Sinnesorgane sind daher hier verschwunden, und nur der Mund und das kleine Gehirn zeigen die Stelle an, wo es vordem einen Kopf gab. Die wichtigsten Sinnesorgane, die Augen, die Riechtentakel u. a., haben sich an den äußersten Teil der Hautfalte begeben, deren Aufgabe es ist, die Schale zu bilden. Hier sind sie mit der Umwelt in nächster Berührung.

Augen können auch bei anderen Tieren an allen möglichen Stellen sitzen. Die Käferschnecken und die sogenannten Oncidien, träge, lichtscheue Tiere, die im Meere unter Steinen sich finden, tragen ihre Augen in Mehrzahl auf dem Rücken verteilt. Wenn der breite Rücken vom Lichte getroffen wird, ist dies für das Tier ein Alarmsignal, daß es sich schleunigst unter einen Stein verkriechen möge. Die scheuen Röhrenwürmer dagegen, die sich bei jeder Störung blitzschnell in ihr Gehäuse zurückziehen, sind oft an der äußersten Spitze ihrer Fühlfäden oder Tentakel mit kleinen Äuglein versehen, die wie der Wächter auf hohem Turm Ausschau halten. Es gibt aber in ihrer Verwandtschaft auch einen kleinen Wurm, der sogar am äußersten Hinterende zwei Augen besitzt. Auch er lebt für gewöhnlich in einer Röhre, aus der nur das Vorderende herausschaut. Aber er ist nicht der Sklave dieser Wohnung, sondern kann sie ohne Kündigungsfrist zu jeder Zeit verlassen. Begibt er sich nun auf die Wanderschaft, um ein besseres Domizil zu finden, so hindern ihn die langen, wie ein Regenschirm zusammengefalteten Tentakel am Vorankriechen mit dem Kopf. Es ist daher bei diesen Würmern Sitte geworden, daß sie sich, mit dem Schwanze vorankriechend, bewegen, und hierbei sind ihnen die beiden Schwanzaugen vortreffliche Führer.

Es gibt stets einen Heiterkeitserfolg, wenn man in einem Kreis von Laien erzählt, daß die Heuschrecken und Grillen ihre Gehörorgane am Bauch oder gar an den Beinen tragen (Abb. 15). Im Grunde genommen ist es natürlich vollkommen gleichgültig, wo der Empfangsapparat sitzt, denn die Hörempfindung entsteht auf jeden Fall erst im Gehirn. Der Grund, daß bei den Insekten die Hörorgane eine so merkwürdige Stelle einnehmen, ist ein doppelter. Zunächst läßt sich nachweisen, daß die Gehörorgane der Insekten aus anderen Sinneszellen hervorgegangen sind, die sich überall

im Rumpf und in den Gliedern, nicht aber am Kopfe finden.
Ferner fehlt an dem meist sehr kleinen Kopf der Insekten der
Platz zum Ausspannen eines Trommelfells. Es herrscht also auch
hier eine strenge Logik, und es ist keineswegs ein Zufall, daß die
Gehörorgane gerade dort sitzen, wo wir sie finden.

Wir wollen uns jetzt den chemischen Sinn etwas ansehen. Die
vielfache biologische Bedeutung gerade dieses Sinnes werden wir

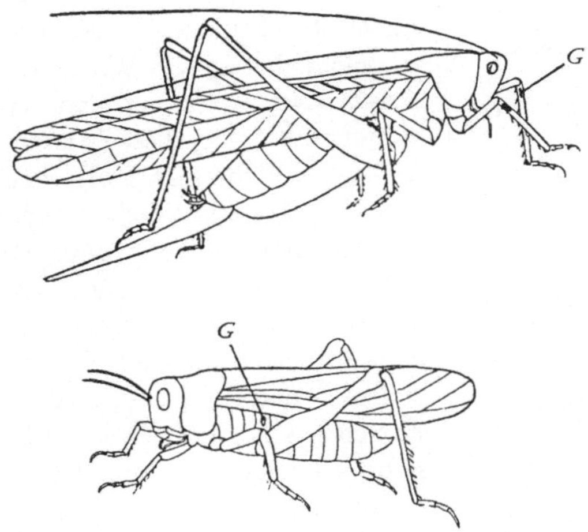

Abb. 15. Lage des Gehörorganes *G*, oben bei Laubheuschrecke, unten
bei Heupferd.

an einer anderen Stelle ausführlich erörtern. Hier sei nur erwähnt,
daß wir eine Fernwitterung unterscheiden können, mit deren Hilfe
das Tier seine Beute, seine tierischen Feinde und seine Artgenossen erkennt, und eine Nahwitterung zur Prüfung der Nahrung.
Bleiben wir bei der ersten. Sie hat bei uns ihren Sitz in der Nase,
deren Ventilation aufs engste mit der Atmung verknüpft ist. Wenn
wir einatmen, strömt die von außen aufgenommene Luft an den
Schleimhautfalten unserer Nase vorbei. Diese Koppelung zwischen Atmen und Riechen gibt es nun auch bei anderen Tieren,
und mit der Lage der Atmungsorgane wechselt auch das Riechorgan
die seine. Sehr deutlich ist dies bei den Kiemenschnecken. Durch ein
langes schlauchartiges Organ, das frei ins Wasser vorragt, den
Sipho (Abb. 16, S), strudeln sie sich das Atemwasser zu, das über ihre

Kiemen in der Atemhöhle hinstreicht (Abb. 16). Bevor es zu den Kiemen gelangt, wird es aber dem eigentümlichen Geruchsorgan, dem Osphradium, zugeleitet, das daher, weit vom Kopfe entfernt, im Atemraume sich findet. Ähnliches gilt auch für die Krebse. Ihr wichtigstes Riechorgan sind die sogenannten ersten Antennen, meist sehr kleine, ganz vorn am Kopfe stehende, mit vielen Riechhaaren versehene Gebilde, in ihrer exponierten Lage vortrefflich ihrem Berufe angepaßt. Wenn man aber einem Taschenkrebs diese Antennen abschneidet, hat er sein Witterungsvermögen damit keineswegs verloren. Das Atemwasser streicht bei diesen Tieren von hinten nach vorn. Wenn man hinter einen Taschenkrebs ein Stückchen Fleisch legt, dann kann man gelegentlich beobachten, daß er, ohne sich umzuwenden, die Scheren zwischen den Beinen nach hinten durchsteckt und das Fleischstückchen ergreift. Diese älteren und einige neuere Versuche haben manchem Forscher schon die Frage nahegelegt, ob sich nicht auch in der Atemhöhle der Krebse Chemorezeptoren, d. h. Aufnahmeorgane für chemische Reize finden, und tätsächlich sind derartige Gebilde in großer Zahl beim Flußkrebs gefunden worden. Die Verlagerung der für die Fernwitterung bestimmten Sinneszellen ist also auch hier von vollendeter Zweckmäßigkeit.

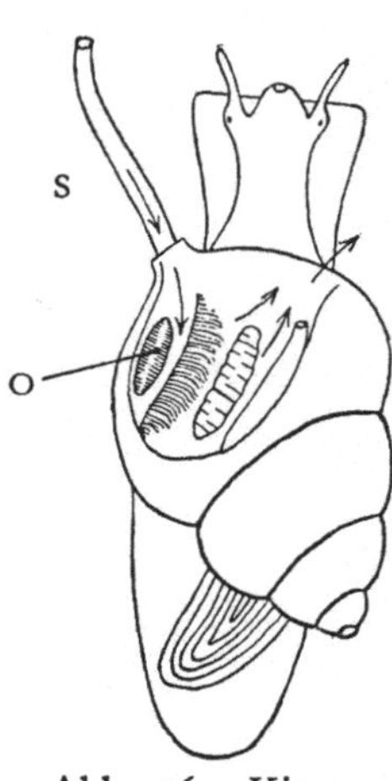

Abb. 16. Kiemenschnecke mit Geruchsorgan (Osphradium) (O) in der Mantelhöhle.

Der chemische Nahsinn, den wir gemeinhin als Geschmackssinn bezeichnen, sitzt bei den meisten Tieren, wie bei uns, in der Mundhöhle oder in ihrer nächsten Umgebung. Aber auch hier gibt es gewichtige Ausnahmen. So wissen wir, daß zahlreiche Tagfalter und Fliegen an den Sohlen ihrer Vorderfüße ganz außerordentlich empfindlich für Geschmacksstoffe sind. Auch diese Eigentümlichkeit ist mit vollendeter Zweckmäßigkeit in den Bauplan des Tieres eingepaßt. Zunächst liegt hier ein Problem der Körpergröße vor. Für Fliegen und Schmetterlinge, die sich oft von überreifen, vom Baume gefallenen Früchten ernähren, ist diese Nahrung oft so groß, daß sie bequem darauf herumlaufen können.

34

Die Anlockung des Falters erfolgt zunächst durch den Geruch. Zuallererst mag es der Zufall bedingen, daß der unstet umherfliegende Falter überhaupt in die Nähe des Birnbaumes gerät. . Wittert er den Duft, der ja auch für uns schon aus größerer Entfernung wahrnehmbar ist, so umfliegt er in immer enger werdender Spirale den Baum und setzt sich endlich in der Nähe einer zerplatzten Birne nieder. Dann schreitet er geradenwegs auf sie zu, und wenn er die Stelle betritt, auf welcher der süße Saft sich ausbreitet, tritt auf die Geschmacksreizung der Fußflächen reflektorisch ein Ausstrecken des vorher aufgerollten Rüssels ein.

7. Lust und Unlust

Alles was wir sehen oder hören, löst in unserer Seele eine Empfindung aus, es gilt dies von einem frischgepflückten Blumenstrauß in all seiner Farbenpracht ebenso wie vom trübseligen Grau eines Herbsttages, von den Klängen einer Beethovenschen Symphonie wie vom Geschrei mitternächtlicher Katzen. Empfindung ist hier wie dort, aber ihre Wirkung auf unsere Seele ist eine recht verschiedene. Reine Farben, Töne und Klänge erfreuen unser Herz, unharmonische Mischungen von Farben oder Dissonanzen von Tönen sind uns langweilig oder sie erregen unser äußerstes Mißfallen. Der eine Reiz ist, wie es der Forscher nennt, lustbetont, der andere unlustbetont, und dieses Gesetz beherrscht die ganze Welt.

Aus den Lehren der Musik geht mit besonderer Klarheit hervor, daß zwischen der rein physikalischen Frequenz der Schallwellen und dem Wohlklang, den sie erzeugen, eine enge Beziehung besteht. Die Schwingungszahlen der Töne, die einen unser Ohr erfreuenden Akkord bilden, müssen zueinander in einem einfachen mathematischen Verhältnis stehen. Ebenso gilt es im Reiche der Farben, daß reine, satte Farben, die nur das Licht einer bestimmten Wellenlänge enthalten, unser Auge am meisten erfreuen.

Neben dieser höchst auffallenden, wissenschaftlich noch ganz ungeklärten Beziehung zwischen der Physik des Reizes und der Sinneslust läßt sich aber noch als zweites Gesetz erkennen, daß der gleiche Reiz, je nach den Umständen, unter denen er wirkt, Lust oder Unlust spenden kann. Hierzu eine persönliche Erfahrung. Als ich in meiner Schulzeit etwas reichlich von einer

Ananasbowle getrunken hatte, empfand ich gegen diese Frucht 5 bis 6 Jahre lang den lebhaftesten Widerwillen. Die Lust war jäh in Unlust umgeschlagen. Solche Dinge gibt es vielfach, und ein jeder wird sie auf seine Weise erlebt haben. Besonders bei Frauen, die Mutterfreuden entgegensehen, ist eine derartige Umwertung der Empfindungen häufigstes Ereignis. Die Schokolade, im sonstigen Leben ein sehr beliebter Leckerbissen, wirkt abstoßend und nicht anders ergeht es der Zigarette, die für gewöhnlich zu den unentbehrlichen kleinen Lebensfreuden gehört. Im folgenden wollen wir nun Lust und Unlust ein wenig gesondert betrachten.

Die Sinneslust. Banausen und Philistern erscheinen Sinneslust und Lebensfreude, soweit sie nicht gar als eine Erfindung des Teufels gelten, doch mit dem Ernst des Lebens zu kontrastieren und unwert zu sein jeder männlichen Lebensphilosophie, die auf Vernunft und Pflicht sich aufbaut. Wer aber näher an den Quellen des Lebens sitzt, der weiß, daß gerade die Sinneslust in gänzlich unentbehrlicher Weise das Schiff unseres Lebens steuert. So haben die Freuden des Mahles ihren tiefen Sinn. Der Physiologe pflegte früher den Wert der Speisen allein nach ihrem Gehalt an Kalorien zu beurteilen. Jedes Gramm Fett, Eiweiß oder Kohlenhydrat, das wir unserem Magen überantworten, bedeutet für unseren Körper ein gewisses Maß an Energie, ausdrückbar in Wärmeeinheiten oder Kalorien. Wir bedürfen dieser Energie wie die Dampfmaschine der der Kohle. Würde uns aber die Köchin nur ein Gemisch dieser an sich so wichtigen Stoffe vorsetzen, so würden wir sehr böse werden. Die Schmackhaftigkeit unserer Speisen beruht nämlich ganz und gar nicht auf diesen energiespendenden Stoffen, sondern auf allerhand Beimengungen anderer Substanzen, die, jeden Kaloriengehalts bar, dennoch als Appetitanreger eine wichtige Aufgabe leisten. Der Appetit, der sich einstellt, wenn es einem gut schmeckt, bewirkt nicht nur, daß einer gründlicher in die Speisen einhaut, als er es ohne ihn vermöchte, seine geheimnisvollen Einwirkungen erstrecken sich auch auf das richtige Funktionieren unseres Darmkanals. Schon seit langem ist es bekannt, daß einem der Speichel im Munde zusammenläuft, wenn man eine leckere Speise riecht oder sieht. Dies ist nützlich, denn der Speichel läßt die Speisen nicht nur rascher die Kehle hinuntergleiten, er enthält auch ein wichtiges Ferment zur Verdauung

36

aller mehlartigen Stoffe. Darüber hinaus zeigte der große russische Forscher *Pawlow*, daß auch der Magen eifriger als sonst beginnt, den wichtigen Magensaft abzusondern, wenn der Wohlgeschmack der Speisen unseren Gaumen kitzelt oder ihr Anblick uns die Freuden des Genießens in sichere Aussicht stellt. Es ist dies der berühmte Appetitmagensaft, der eine Brücke schlägt zwischen unserer Sinneslust und den Vorgängen, die tief in unserem Innern uns unbewußt vor sich gehen. Je besser eine Speise schmeckt, desto besser ist infolge des reichlichen Ergusses des Appetitmagensaftes auch ihre Verdauung, und so können wir hier die physiologische Wirkung der Sinneslust, mit strengster Wissenschaftlichkeit messend, verfolgen.

Wir können aber noch ein weiteres erkennen. Wenn das Kind den garstigen Lebertran nicht einnehmen will, verspricht ihm die Mutter zur Belohnung ein Schokoladenplätzchen. Das Kind weiß gar nichts von Vitaminen und ihrer heilkräftigen Wirkung, es schluckt die Medizin, weil der Genuß der Schokolade es lockt. Dies wird einem jeden einleuchten, aber viel zu wenig bedacht wird die bedeutsame Tatsache, daß unsere eigenen Handlungen, die wir Erwachsenen tagtäglich ausführen, genau nach demselben Schema gebaut sind. Ganz wie in unserem Beispiele die Mutter das unvernünftige Kind durch Lockmittel gängelt und es dazu bringt, etwas zu tun, was es selbst ganz und gar nicht versteht, so gängelt Mutter Natur uns, die wir uns selber für so vernünftig halten. Der normale Mensch z. B. ißt, weil es ihm schmeckt und weil er Hunger hat. Daß die Nahrung soundso viele Kalorien enthält und außerdem die lebensnotwendigen Vitamine, ist sämtlichen Weisen dieser Welt noch vor hundert Jahren vollkommen unbekannt gewesen. Trotzdem ist noch niemand verhungert, den nicht ein grausames Schicksal hierzu zwang. Auch wir handeln keineswegs um des physiologischen Effektes wegen, der am Ende sich ergibt, sondern aus einem völlig anderen Grunde. Wir sind um kein Haar gescheiter als das Kind, das nur um der Schokolade willen den Lebertran verzehrt.

Das hohe Lied der Liebe ist auf denselben Ton gestimmt. Die Welt der höheren Geschöpfe und vielleicht auch die der niederen wären längst ausgestorben, gäbe es keine Liebeslust, die somit in letzter philosophischer Wertung der irdischen Dinge wichtiger ist als alles, was grüblerischer Verstand sich zu ersinnen vermag. Genau so wie beim Essen fehlt auch hier zwischen dem Sinnesreiz, der zu der Handlung führt, und ihrem Ergebnis jedwede logische Verknüpfung. Kein Tier, auch nicht das höchststehende, weiß irgend etwas davon, welche Bedeutung dem Zeugungsakt in biologischer Hinsicht zukommt, und der Mensch möchte sehr oft, daß er es nicht wüßte.

Wir sprachen bisher fast nur vom Menschen. Dürfen wir auch bei den Tieren annehmen, daß die Sinneslust ihr Verhalten regelt? Manche ältere Naturforscher haben vor Zeiten die etwas kühne Behauptung aufgestellt, daß bei den Tieren alles durch Reflexe und nervöse Automatismen bestens geregelt sei, so daß sie der Lust und des Leids gar nicht bedürfen. Nun, zunächst bei den höchststehenden Tieren, z. B. bei Hund und Katze, läßt sich wohl doch das Element der Lust mit großer Sicherheit erweisen. Wenn ein solches Tier, dem wir eine gewisse Einsicht in den Zusammenhang der Dinge nicht absprechen können, mit größter Hartnäckigkeit einen Sinnesreiz zu erlangen sucht, den es aus Erfahrung kennt, dann muß man schon den Tatsachen bedeutende Gewalt antun, will man die Lust als erklärendes Prinzip durchaus verbannen. Wer hat es nicht schon erlebt, daß Hund oder Katze außer Rand und Band geraten, wenn aus der Küche der Ton der Fleischmaschine erklingt und sie so lange an der Tür kratzen, bis sie hineingelassen werden. Viele Mißdeutungen fallen fort, wenn wir im Auge behalten, daß auch das Tier sich freuen kann.

Gar nicht zu leugnen ist, daß manche Hunde Freude an der Musik empfinden. Ich habe einen Hund gekannt, der seine Herrin tagtäglich, oft zu bestimmter Zeit, sehr energisch zu einer musikalischen Darbietung aufforderte. Er ruhte nicht eher, als bis das Instrument, eine kleine Mundharmonika, aus dem Schrank genommen wurde und die gewohnten Weisen ertönten. Dann setzte er sich auf die Hinterkeulen und stimmte ein unbeschreibliches Geheul an.

Beim Menschen fließt in den Becher der Freude meist irgend ein Tropfen Wermut ein. Die Gabe, sich völlig schrankenlos der Freude hinzugeben, haben die Götter den Kindern und den Tieren vorbehalten und es lohnt sich, dergleichen als Zuschauer mitzugenießen. Wer hierzu aufgelegt ist, dem empfehle ich, seiner Katze ein Päckchen Baldrian vorzulegen. Das sonst so vernünftige

Tier wird sich sogleich vollkommen närrisch benehmen. Es ist, als ob alle irdischen Wonnen auf einmal über es gekommen wären, und es ist nur zu bedauern, daß es für das arme Menschengeschlecht keinen einzigen Geruchsstoff gibt, der ähnliche Sensationen zu erwecken vermag. Die Katze wird das Päckchen erst vorsichtig beschnüffeln, dann aber wird sie es bald mit aller Zärtlichkeit an sich pressen, es zwischen die Pfoten nehmen und sich damit herumwälzen. Es wird weggeschleudert, nur um sogleich desto stürmischer herangeholt zu werden. Kurz, das Tier gerät in einen Zustand völliger Ekstase, bei dessen Betrachtung die Lust unmöglich zu leugnen ist.

Unlust und Schmerz. Während die Lustgefühle für Mensch und Tier die stärksten Triebfedern sind zur Durchführung biologisch wichtiger Handlungen, sind die der Unlust von der Natur dazu bestellt, die unvernünftige Kreatur vor Taten zu bewahren, durch die sie zu Schaden kommen könnte. Wir kennen in unserer eigenen Empfindungswelt eine Reihe von ihnen: den Ekel, den Schmerz, den Geschmack des Bitteren. Die Einschaltung dieser Gefühle in den Mechanismus unserer Handlungen ist genau dieselbe wie bei den Lustgefühlen. Der Ekel wird beim Menschen hauptsächlich durch bestimmte Gerüche wachgerufen. Der Verwesungsgeruch einer Tierleiche, der Geruch des Fäzes sind in ihrer biologischen Zuordnung deutliche Hinweise, daß es für den Menschen aus Gründen der Ansteckung oder der Vergiftung nützlich ist, den diese Pestgerüche verbreitenden Körpern aus dem Wege zu gehen. Diesen Schluß finden wir durch unsere Überlegung, aber im Ernstfalle bedürfen wir seiner nicht, sondern wir wenden uns voller Abscheu ab, weil unsere Sinne beleidigt werden. Unsere Handlung zielt also auch hier in keiner Weise auf das ab, was die Natur mit ihr erreichen will, jene gängelt uns folglich auch hier.

Ebenso deutlich ist dies beim Schmerz, der in gewisser Hinsicht unter unseren Sinnen eine Sonderstellung einnimmt. Während unsere anderen Sinnesempfindungen von Lust- oder Unlustgefühlen begleitet sein können, liegt beim Schmerz die Betonung ganz und gar im Unlustgefühl selbst.

Der Mensch, den der bohrende Zahnschmerz plagt, oder dem eine Brandwunde das Leben verleidet, wird leicht zu dem Urteil kommen, daß der Schmerz eine Erfindung des Satans ist, geschaffen, die Erde in ein Tal des Jammers zu verwandeln. Arzt und Naturforscher wissen es besser. Wie würde es denn ohne Schmerz auf der Welt zugehen? Wenn wir uns an einen zu heißen Ofen lehnen, würden wir den Schaden erst gewahr werden, wenn der Gestank verbrannter Kleider unsere Nase reizte. Ganz recht, wird man mir antworten, aber welche biologische Bedeutung hat es denn, wenn der Blinddarm weh tut? Dies ist wohl für den modernen Europäer von Nutzen, der kann den Arzt rufen lassen, während er ohne Schmerzwahrnehmung seiner Erkrankung voraussichtlich dazu keine Gelegenheit mehr findet. Aber was hat ein Neger im Urwald oder irgendein Tier denn für einen Vorteil, wenn ihre Gedärme, an die sie doch nicht heran können, von Schmerzgefühlen durchrast werden? Trotz dieses Einwandes läßt sich aber auch hier einiges zugunsten des Schmerzes sagen. Er wird den Naturmenschen hindern, seiner sonstigen Arbeit nachzugehen, ihn zwingen, daß er sich hinlegt und so die Vorteile erhält, die das Krankenbett als solches dem Genesenden bietet. Ganz freilich kommen wir mit dieser Logik nicht zu Ende. Das Bibelwort: „Mit Schmerzen sollst du gebären", ist ein bitteres Wort, das an die Wiege eines jeden Menschenkindes das Leid stellt, ohne daß wir wissen, warum. Es scheint, daß das Schmerzgefühl, das sinngemäß auf alle anderen Organe sich erstreckt, nicht an irgendeinem von ihnen haltzumachen vermag.

Sehen wir von diesem einzelnen Falle ab, so können wir im ganzen aber immerhin den Satz prägen, daß der Schmerz unser strenger Zuchtmeister ist, der uns davor warnt, Handlungen vorzunehmen, die unserem Körper schädlich sind. Es scheint, daß dieser Satz für alle Tiere Geltung haben müßte, die überhaupt Erfahrungen sammeln können und daß man daher den Schmerzsinn als eine ganz allgemeine Eigenschaft der Tiere zu betrachten habe. Aber über diesen Punkt sind die Meinungen der Sachverständigen sehr geteilt, und viele Naturforscher halten es für gänzlich unvernünftig, über den Schmerzsinn eines Fisches, einer Fliege oder eines Regenwurms auch nur nachzudenken. Für sie ist der Schmerz eine Domäne der Empfindung, und da es uns nun einmal versagt ist, über die Empfindungen anderer Organismen etwas zu erfahren, so bleibt uns nur eines zu tun, nämlich zu schweigen.

Indessen ist diese Resignation, wie mir scheint, zu weit getrieben, und so soll es denn im folgenden versucht werden, trotz alledem etwas Vernünftiges vom Schmerzsinn der Tiere zu erzählen. Wir wollen aber beim Menschen als dem „Maß aller Dinge" anfangen und uns klarmachen, daß auch bei uns der Schmerz keineswegs nur eine Angelegenheit der Empfindung ist. Wenn einer in seinem Garten an einem schönen Spätsommertage ein Stück Kuchen ißt und eine fürwitzige Wespe, die den Kuchen als ihr eigen betrachtet, ihn in die Lippe sticht, so geschieht allerlei. Zunächst ist es gewisser als das Orakel der Pythia, daß er aufhören wird zu essen. Außerdem wird er Au! schreien, und wenn die Wespe besonders gut getroffen hat, wird er sogar vom Stuhle aufspringen und ohne Ziel im Garten herumlaufen. Dies sind „objektive Kriterien" des Schmerzsinnes, die man leicht klassifizieren kann: Hemmung der gerade stattfindenden Handlung, Schreien und ziellose Ausdrucksbewegung.

Mit diesen Kenntnissen ausgerüstet, können wir uns nunmehr an die Tiere heranmachen. Da ist es nun nicht schwer, bei einem der uns näherstehenden Organismen, etwa einem Hunde, ganz das gleiche zu beobachten. Ich besinne mich sehr genau, wie mein treuer Jugendgefährte, der Dachshund Kaspar, sich mitten auf eine Hummel setzte, als er gerade mit dem Fangen eines Flohes intensiv beschäftigt war. Der Floh war sogleich vergessen, ein durchdringendes Geheul erscholl, und mit eingeklemmtem Schwanz suchte der Gestochene das Weite. Der gesamte Komplex der Erscheinungen ist also bei Mensch und Hund durchaus der gleiche, und wir machen daher einen sehr berechtigten Analogieschluß, wenn wir dem Hunde auch das zubilligen, was uns zu beobachten versagt ist: das Schmerzgefühl.

Etwas schwieriger wird die Sache freilich, wenn wir uns den niederen Wirbeltieren, den Eidechsen, Fröschen und Fischen zuwenden. Ihnen fehlt die wichtigste Ausdrucksform, der Schrei. Man könnte ein solches Tier in beliebiger Weise mißhandeln, ohne daß es einen Laut von sich gibt. Was man aber auch bei ihnen bemerken kann, sind die anderen Ausdrucksbewegungen. Wenn man ihnen etwas zuleide tut, was bei einem Menschen Schmerz auslösen würde, so zappeln sie mit den Beinen, schlagen mit dem Schwanze oder winden sich mit ihrem schlanken Körper, ein jedes nach seiner Weise. Auch Augenrollen wie bei einem gequälten Menschen ist gelegentlich zu sehen. Es ist folglich auch hier nicht zu kühn, wenn wir auch ihnen den Schmerz zubilligen.

Von den wirbellosen Tieren läßt sich nicht Allzuvieles sagen. Ob eine Weinbergschnecke oder ein Regenwurm irgend etwas empfinden, was unserem Schmerzgefühl ähnlich ist, vermögen wir bei der gänzlich abweichenden Organisation dieser Tiere nicht mit Sicherheit zu sagen. Eine einzige Ausnahme bilden die Tintenfische, die auch sonst in so vielen Dingen mit den höheren Tieren übereinstimmen. Die Verteilung der Schmerzempfindlichkeit ist bei ihnen in überraschender Weise ähnlich wie beim Menschen. Der Chirurg weiß, daß die äußere Haut sowie die innere Auskleidung der Leibeshöhle sowie endlich der Herzbeutel sehr schmerzempfindlich sind. Die inneren Organe und die Muskeln dagegen sehr wenig. Genau das gleiche gilt von den Tintenfischen, nur haben sie eine andere Ausdrucksbewegung, sie schreien nicht, sondern sie entleeren ihren Tintenbeutel, wenn man in die Haut schneidet oder wenn man das zarte Peritoneum berührt. An den inneren Organen kann man dagegen soviel herumoperieren wie man will, ohne daß etwas geschieht.

Im Gegensatz hierzu dürfen wir heute mit einiger Sicherheit sagen, daß bei den Insekten der Schmerz ganz und gar fehlt, mindestens fehlen hier alle objektiven Anzeichen hierfür. Wenn man einer Ratte die Beinnerven durchschneidet, so daß das Bein gefühllos wird, frißt sie unter Umständen ihre eigene Pfote auf. Eine gesunde, schmerzempfindliche Ratte wird dies niemals tun, und wir können an diesem einfachen Beispiele noch einmal die eminente Bedeutung des Schmerzsinnes ermessen. Ein Insekt kann sich nun, ohne daß vorher sein Nervensystem beschädigt worden wäre, genau wie die entnervte Ratte benehmen. Es gibt einige fleischfressende Raupen. Hat eine solche Raupe zufällig eine Verwundung am Hinterkörper erlitten, aus der das Blut quillt, und kommt sie mit dem Munde an diese Stelle heran, so beginnt sie sich selber aufzufressen, und es ist — nicht vom alten Münchhausen — sondern von guten Sachkennern beschrieben worden, daß sie dabei ein ganzes Stück ihres eigenen Hinterleibes verspeisen kann. Dies ist mit dem Vorhandensein eines Schmerzsinnes schlechterdings unvereinbar! Ebenso fehlt, wie es scheint, häufig die durch den Schmerz bedingte Hemmung der gerade betätigten Handlung. Herrn von Münchhausen, auf den wir hier noch einmal zurückgreifen müssen, können wir es allerdings nicht glauben, daß sein Pferd weitersoff, nachdem es die hintere Hälfte seines Leibes durch eine Kanonenkugel verloren hatte, aber bei der Biene scheint es sich wirklich so zu verhalten. Man kann ihr, wenn sie Honig trinkt, ganz ruhig den Hinterleib abschneiden, ohne daß sie dies stört.

II. Die einzelnen Sinne

Daß man seine fünf Sinne zusammenhalten muß, wenn man ohne anzustoßen durch die Welt will, lehrte man unseren Großvätern. Inzwischen sind wir auch auf diesem Gebiete klüger geworden und haben erkannt, daß wir, um rüstig durchs Leben zu schreiten, noch einiger Sinne mehr bedürfen. Wir wollen sie uns einmal der Reihe nach betrachten.

Wir kennen also erstens den Gesichtssinn, den unentbehrlichen Führer bei der Wahrnehmung der uns umgebenden Welt. Ihm stellt sich als zweitwichtigster Sinn der Gehörssinn zur Seite; er gibt uns zwar weniger Aufschluß über die Dinge um uns herum, aber als Mittler zwischen Mensch und Mensch können wir ihn ganz und gar nicht vermissen. Dem Chor der fünf Sinne gehören ferner der Geruchs- und der Geschmackssinn an sowie endlich der Tastsinn. Verwunderlich ist, daß man nicht schon lange den Wärme- und Kältesinn als sechsten Sinn anerkannt hat, dessen Bekanntschaft wir doch im täglichen Leben, z. B. in der Küche, fortdauernd erneuern. Ebenso hat man als siebenten durchaus selbständigen Sinn den Kraftsinn vergessen, mit dem wir feststellen, ob wir den Koffer allein tragen können oder uns einen Dienstmann nehmen müssen. Endlich ist der Schmerzsinn zu erwähnen, zu dessen Studium es auch keiner besonderen Gelehrsamkeit bedarf. Wir kommen so zu dem Schluß, daß die alte Lehre von den fünf Sinnen eine ziemlich oberflächliche Auffassung ist, und daß wir besser daran tun, die acht genannten Sinne an ihre Stelle zu setzen, wenn es gilt, unsere Sinnesempfindungen zu klassifizieren.

Bei wissenschaftlicher Beurteilung ist aber die Zahl der Sinne damit noch nicht erschöpft. Wir werden den Gleichgewichtssinn kennenlernen, den wir meist vernachlässigen, weil wir bei ihm nichts empfinden, und endlich werden wir erkennen, daß es in unserem Innern noch allerlei Sinneswahrnehmungen gibt, die überhaupt nicht der Beurteilung der Welt da draußen dienen, um so wichtiger aber sind für die Regulierung unserer eigenen Körperbewegungen.

So weit der Mensch, aber wie steht es denn mit den Tieren? Gibt es nicht bei ihnen zahllose uns völlig fremde Sinne, mit denen ein jedes Geschöpf aus seiner Umgebung die ihm spezielle Umwelt formt? Auf diese Frage können wir natürlich nur eine ungefähre Antwort geben, weil erst ein kleiner Teil der Tierwelt auf ihre Sinne hin exakt erforscht ist. Aber wir dürfen vielleicht schon heute sagen, daß auch in Zukunft besondere Überraschungen hier nicht zu erwarten sind. Im allgemeinen sind die Sinne sämtlicher Tiere, ob sie nun im tiefen Meere, auf Erden oder in der Luft ihr Wesen treiben, auf die gleichen Naturreize eingestellt. Wir können mit großer Bestimmtheit behaupten, daß z. B. kein einziges Tier ein Sinnesorgan für Elektrizität oder für Magnetismus besitzt. Wenn wir irgendwo Fähigkeiten entdecken, die über die unseren hinausragen, so handelt es sich um eine bessere Ausbildung des einen oder anderen Sinnes, aber niemals um etwas Neues. Gewiß, der Raubvogel sieht 8mal schärfer als wir, der Hund hat ein uns unbegreifliches Witterungsvermögen, es gibt auch viele Tiere, die Töne wahrnehmen, die nicht mehr unser Ohr erreichen, aber Neues werden wir wohl nirgends finden.

Wir können also getrost im Bereich der Sinne den Menschen als das Maß der Dinge betrachten und uns seiner Führung anvertrauen, wenn wir in den folgenden Seiten die einzelnen Sinne ein wenig genauer studieren wollen.

1. Der Lichtsinn

Die Umwelt, die wir uns selbst mit unseren Sinnen aufbauen, setzt sich zusammen aus den vielfältigen Eindrücken, die aus den verschiedenen Sinnesgebieten uns zufließen. Gibt man sich davon Rechenschaft, in welchem Maße die einzelnen Sinne sich hieran beteiligen, so kommt man zu der überraschenden Einsicht, daß wir das allermeiste dem Auge verdanken. Wenn ich mich in die Mitte meines Zimmers stelle, so werde ich in den meisten Fällen weder etwas Besonderes riechen noch schmecken, bin ich allein,

werde ich vielleicht auch nichts weiter hören als den verworrenen
Straßenlärm oder das Zwitschern der Vögel im Laub vor meinen
Fenstern. Fühlen werde ich nur mich selbst, aber das Auge wird
tausend Dinge vor mich hinstellen, die Schränke mit all ihrem
Kram, die Bücher auf den Borden, die Bilder an der Wand, und
jedes dieser Dinge wird in seiner Sprache zu mir reden und bereit
sein, mir seine Geschichte zu erzählen. In den meisten anderen
Situationen wird es sich ähnlich verhalten, ob ich nun spazieren
gehe, oder was sonst ich auch tun mag. Nur selten sind die
Fälle, in denen das Gesehene zurücktritt vor den Eindrücken, die
von anderen Sinnen kommen. Die Reichhaltigkeit der gesehenen
Umwelt verdanken wir der Tatsache, daß das Auge uns in ganz
überwiegendem Maße die Eindrücke aus der Ferne vermittelt.
Alle unsere anderen Sinne sind ihrem Hauptberufe nach dazu da,
uns über das aufzuklären, was in unserer nächsten Nähe vor sich
geht. Der Wärme-, der Tast- und der Geschmackssinn vermögen
überhaupt nichts anderes zu leisten. Beim Geruchssinn ist es schon
eine seltene Ausnahme, wenn aus größerer Ferne der Duft blühen-
der Bäume oder der Geruch einer chemischen Fabrik zu uns reicht,
und auch beim Ohr ist es schließlich die Hauptsache, daß wir die
Sprache anderer Menschen verstehen, die in unserer Nähe sind.
Das Auge dagegen reicht in Siriusfernen.

Der Formensinn. In unserer ersten Jugend, als wir noch mit
staunendem Blick alles um uns herum betrachteten, war viel von
dem, was wir sahen, noch leere Form. Allmählich lernten wir
Bedeutung und Benutzungsmöglichkeit von tausend Dingen kennen, und je älter wir geworden sind, desto mehr ist dieser Wissens-
schatz gewachsen. Und nun ist das Entscheidende, daß wir alles,
was wir von einem Dinge wissen, gewissermaßen in sein Bild
hineinpacken. Sehen wir nur dies Bild, so vermögen wir wie an
einem unsichtbaren Faden alles andere hervorzuziehen, was wir
jemals von diesem Ding erfahren haben. Wir sagen in der Wissenschaft, daß sich vielfache Assoziationen gebildet haben zwischen
dem optischen Bild und den anderen Sinneseindrücken, die von
demselben Objekte ausgehen. An sich unterscheidet sich das Auge
hierin keineswegs von den anderen Sinnen. Auch Nase und Ohr
vermitteln uns viele solche Assoziationen. Aber der Unterschied
ist eben der, daß wir tausendmal öfter Gelegenheit haben an das,

was wir sehen, anzuknüpfen, als an das, was wir riechen, hören oder fühlen. So erklärt es sich unschwer, daß unser Auge unter den Hilfsmitteln zur Bildung unserer Umwelt weitaus an erster Stelle steht.

Die hier geschilderte Fähigkeit unseres Auges nennen wir das Formensehen, und es ist eine äußerst berechtigte Frage, welche Rolle dieses Vermögen bei anderen Organismen wohl spielen mag. Mit recht großer Naivität hat man sich früher auf den Standpunkt gestellt, daß das Auge aller anderen Wesen Ähnliches leiste wie bei uns. Man glaubte nur einige Korrekturen anbringen zu müssen, derart, daß wohl die einen Tiere besser, die anderen schlechter als wir selbst sähen, weiter nichts. In Wahrheit aber werden wir erkennen, daß die Leistungen des Auges eines Insekts oder einer Schnecke auf einem ganz anderen, uns selbst fremden Gebiete liegen und daß nur unsere nächsten Verwandten, die Wirbeltiere, ein dem unseren ähnliches Formsehen ihr eigen nennen.

Der Beweis des wirklichen Formsehens wird erbracht durch den Akt des Wiedererkennens auf optischem Wege bei Ausschluß anderer Sinne. Es ist jederzeit möglich, sich bei Hund, Katze und Papagei, kurz, bei Säugetieren und Vögeln, von dieser Fähigkeit zu überzeugen. Jeder Hund vermag seinen Herrn durch eine Glasscheibe hindurch zu erkennen. Ein Vogel (Kranich) erkennt seinen Herrn in jeder Verkleidung: im Frack, im Straßenanzug, in der Badehose usw. Selbst die geistig so viel tiefer stehenden Fische lassen sich sehr wohl auf Formen dressieren. Wie schon erwähnt wurde, ist es gelungen, Fische darauf zu dressieren, daß sie zum Futterholen heranschwimmen, wenn ihnen ein L gezeigt wird, nicht dagegen, wenn sie ein R sehen. Sie vermögen also L und R zu unterscheiden und damit ist ihr Formensehen klar erwiesen.

Bei den wirbellosen Tieren, als da sind Insekten, Spinnen, Krebse, Schnecken und Würmer, ist der Formensinn im allgemeinen so mangelhaft entwickelt, daß man besser gar nicht davon redet. Man kann einer hungrigen Weinbergschnecke ein noch so schönes Salatblatt vor die Augen halten; wenn sie von ihm durch eine Glaswand getrennt ist, so daß sie es nicht riechen kann, nimmt sie nicht die geringste Notiz von ihm. Ebensowenig achtet ein liebestoller Schmetterling auf die Dame seines Herzens, wenn sie in einem geschlossenen Glase vor ihm sitzt. Alle diese Tiere sind eben unfähig, einen Gegenstand an seiner Gestalt als solchen zu erkennen. Man hat lange geglaubt, wenigstens der Biene eine Ausnahmestellung zubilligen zu dürfen, die ja auf anderen Gebieten des Sinneslebens so staunenswerte Leistungen aufweist, aber auch sie hat kläglich versagt. Es gelingt nicht, eine Biene auf eine bestimmte Form zu dressieren, etwa eine fünfstrahlige Blume, ein Dreieck oder ein Viereck. Alles was man ihr zubilligen kann ist, daß sie von sich aus, ohne Dressur, vielfach zerteilte, differenzierte Figuren einfachen vorzieht.

Die einzigen wirbellosen Tiere, denen man ein gewisses Formensehen zutrauen darf, sind die Tintenfische mit ihren riesigen Augen und die niedlichen Springspinnen. Bei den letzten ergibt sich dies daraus, daß die Männchen vor ihren Weibchen einen regelrechten Balztanz aufführen, was voraussetzt, daß sich die Tierchen gegenseitig erkennen.

Wie es kommt, daß die niederen Tiere einen so unvollkommenen Formensinn besitzen, davon kann man sich eine ungefähre Vorstellung machen, wenn man das Auge eines solchen Geschöpfs im Mikroskop betrachtet. *Helmholtz* hat einmal gesagt, wenn ihm ein Mechaniker ein so schlechtes optisches Instrument liefern würde, wie es das menschliche Auge ist, so würde er ihn mit Schimpf und Schande davonjagen. Nun, das Auge eines Insekts oder einer Schnecke ist noch tausendmal schlechter. Man kann dies ganz genau messen. Beim Menschen läßt sich durch Selbstbeobachtung leicht feststellen, wie weit zwei Punkte voneinander entfernt sein dürfen, damit man sie aus einer bestimmten Entfernung gerade noch getrennt wahrnimmt. Zwei schwarze Punkte, die 1 mm voneinander abstehen, sieht ein normalsichtiger Mensch immerhin noch aus mehreren Metern deutlich getrennt. Wollen wir uns Vergleichszahlen für das Bienenauge verschaffen, so müssen wir zunächst wissen, daß sich dasselbe wie bei allen Insekten aus vielen Augenkeilen zusammensetzt, deren jeder eine Einheit darstellt und nur einen einzigen weißen, schwarzen oder bunten Klecks sieht. Zwei Punkte, die getrennt wahrgenommen werden sollen, müssen also mindestens um die Breite eines solchen Augenkeils (Abb. 17) voneinander entfernt sein. Jeder Augenkeil umfaßt nun etwa einen Winkel von 1°. Hieraus kann man schließen, daß die Biene zwei Punkte von 1 mm Abstand aus höchstens 7,5 cm Entfernung unterscheiden kann, während wir dies aus mehreren Metern vermögen.

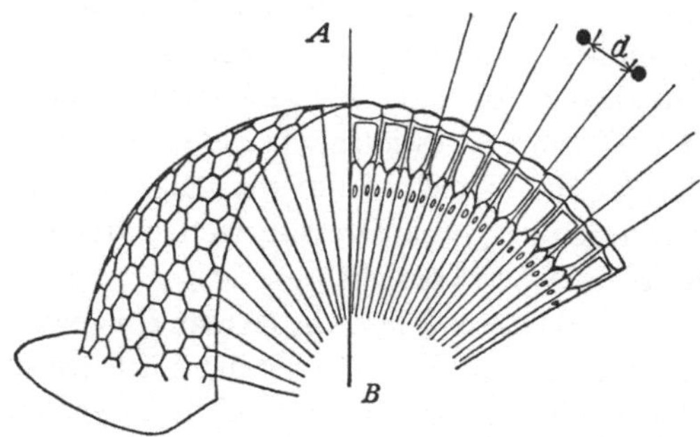

Abb. 17. Facettenauge eines Insekts. Durch die Achse *AB* sind zwei aufeinander senkrechte Schnitte gelegt. Rechts sind die Einzelaugen median getroffen. Nach *Hesse-Doflein*, verändert.

Bei den anderen niederen Tieren steht die Sache noch viel schlechter. Die meisten kleineren Insekten haben in jedem ihrer Augen überhaupt nur ein paar hundert Augenkeile, während die Biene etliche tausend besitzt; Schnecken, Spinnen und Würmer nur ein paar hundert Sehzellen. Ihr ganzes Gesichtsfeld kann daher

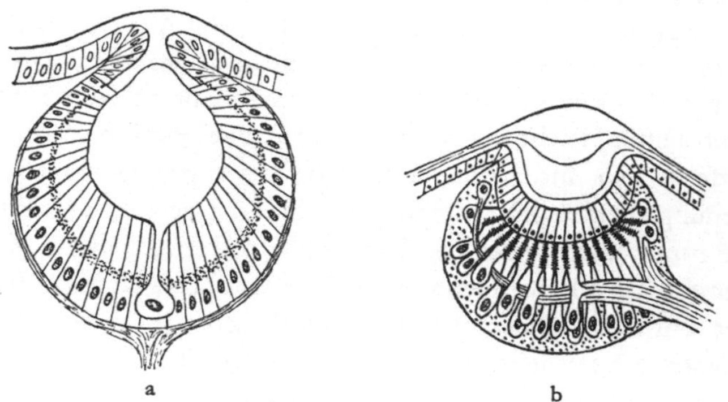

Abb. 18. Linsenauge a eines Borstenwurms, b einer Spinne zur Demonstration der geringen Zahl der Sehzellen. Aus *Bütschli*.

bestenfalls nur aus ein paar hundert Klecksen sich zusammensetzen. Damit kann man nicht viel anfangen, und so ist es verständlich, daß diese Tiere auf ein Formensehen überhaupt verzichtet haben.

Das Bewegungssehen. Im ganzen muß man wohl zugeben, daß auch aus theoretischen Erwägungen die Form der umgebenden Dinge den meisten Tieren ziemlich gleichgültig sein dürfte. Mutter Natur hat ihnen ein viel einfacheres, aber beinahe unfehlbares Mittel in die Hand gegeben, damit sie sich im Wirrsal dieser Welt zurechtfinden. Sie sagt ihnen: Was sich bewegt. das lebt, darauf also müßt ihr achten, denn es kann Feind oder Beute sein. Was sich aber nicht bewegt, das ist leblos, von ihm droht euch keine Gefahr. Für zwei große Gruppen von Tieren, für Jäger und für Gejagte ist daher zwischen einem stillsitzenden Wesen und einem solchen, das umherläuft, kriecht oder schwimmt, ein himmelweiter Unterschied. Das erste wird einfach ignoriert, die Netzhaut zeichnet zwar seine Figur ab, aber das Gehirn, der eifrige Wächter, nimmt von diesem Bilde keine Notiz. Huscht aber das Bild eines sich bewegenden Körpers über die Netzhaut, so überstürzen sich die Meldungen über dieses bedeutsame Ereignis, und sogleich ist das Gehirn bereit, die nötigen Maßnahmen zu treffen.

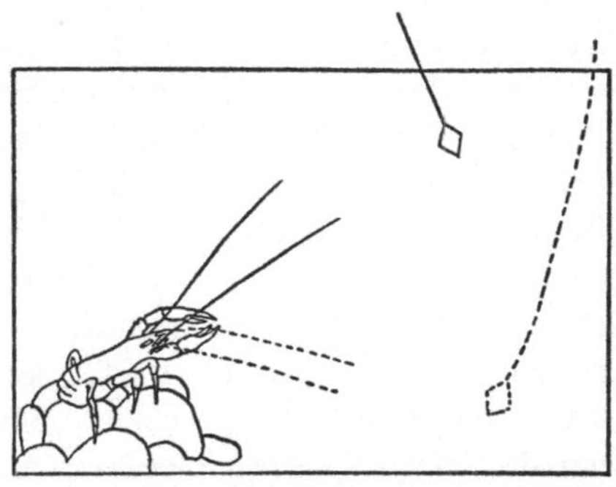

Abb. 19. Bewegungssehen eines Krebses. Das Tier folgt dem gesehenen Gegenstande mit den langen Fühlern. Nach *Doflein.*

Für unendlich viele Tiere gibt das Bewegungssehen beim Beutefang den Ausschlag. Der Laubfrosch kümmert sich keinen Deut um die ruhig sitzende Fliege, der Molch nicht um den ruhenden Wurm, aber sobald etwas zappelt, ist auch schon der weit geöffnete Rachen bereit, es in Empfang zu nehmen. Auf Einzelheiten wird hierbei nicht geachtet, die Form spielt eben keine Rolle. Man kann daher alle solche Tiere leicht durch Attrappen täuschen. Die schwierige Kunst des Angelns beruht im wesentlichen hierauf. Nur auf eines wird noch geachtet, nämlich auf die Größe des sich bewegenden Etwas. Das Rezept, nach welchem die Tiere handeln, ist auch hier einfach genug. Was kleiner ist als man selbst, wird angegriffen, mit Gleichgroßen kann man sich vielleicht etwas

reiben, vor Größeren dagegen nimmt man am besten gleich Reißaus, damit man selbst nicht gefressen wird.

Das Bewegungssehen dient bei manchen Tieren auch zum
Brautwerben. Für die Sinne einer männlichen Stubenfliege ist das
Weibchen ein kleines schwarzes, fliegendes Ding. Man kann da-
her in sehr amüsanter Weise eine Falle für männliche Stubenfliegen
bauen. Es ist nichts weiter nötig als ein langer Faden, an dessen
Ende man eine schwarze, fliegengroße, klebrige Kugel befestigt.
Zieht man den Faden mit mäßiger Geschwindigkeit durch die
Luft, so hat man sehr bald ein abenteuerlustiges Fliegenmännchen
an dieser fliegenden Leimrute, Weibchen dagegen fängt man nie.

Aus dem täglichen Leben kennen wir das Bewegungssehen vom
Scheuen der Pferde. Die Pferde sind im Urzustande flüchtige
Bewohner der Steppe, ihr Feind ist das vorsichtig heranschlei-
chende Raubtier. Ihm zu entgehen, hat das Pferd Augen, die
nicht wie die unsrigen nach vorn sehen, sondern nach der Seite
gerichtet sind. Während es frißt, kann es daher vielerlei sehen,
was schräg hinter ihm geschieht. Scharfe Bilder kann das Pferd
mit den hierbei tätigen Netzhautteilen freilich nicht entwerfen,
aber darauf kommt es auch gar nicht an. Auf alles, was sich bewegt, ob es ein Papierfetzen ist, ein Unterrock, der an der Wäsche-
leine im Winde flattert, oder ein überholendes Auto, wird schärf-
stens reagiert. Sehen und davoneilen ist das Werk eines Augenblicks. Daß dabei sehr viel öfter Reißaus genommen werden muß
als es die Gefahr wirklich erheischt, muß in Kauf genommen
werden. Besser hundertmal zu viel geflohen als einmal zu wenig.

Wie ein Feind mit Hilfe des Bewegungssehens ermittelt wird,
zeigt sehr schön auch die Pilgermuschel *Pecten* (Abb. 20). Sie ruht
auf dem Grunde des Meeres, aber sie ist ein sehr viel rassigeres Geschöpf als ihre trägen, nur der Verdauung lebenden Verwandten,
die Miesmuschel oder die Auster. Mit vielen funkelnden, kleinen
Äuglein, die ringsherum am Mantelrande stehen, späht sie, ob
irgend ein Feind sich naht. Sie fürchtet den Seestern. Der sieht
zwar auf den ersten Blick recht unschuldig aus, denn er hat weder
Klauen noch Zähne und schleicht so langsam daher. Aber das
Tier, das er mit seinen unzähligen Saugfüßchen mörderisch um-
armt, ist rettungslos verloren. Doch die Pilgermuschel ist auf der
Hut: Wenn das Bild eines langsam sich bewegenden größeren

Körpers über die Netzhaut ihrer vielen Augen hinweggleitet, dann alarmiert sie eine zweite Sorte von Wächtern. Die großen zwischen den Augen stehenden Tentakel dehnen sich zu unglaublicher Länge aus und strecken sich dem herannahenden Feinde entgegen. Erkennen sie die Witterung des todbringenden Seesterns, so entflieht die Muschel, die mit klappenden Bewegungen ihrer Schalen zu schwimmen weiß.

Die Lichtkompaßbewegung. Beim Bewegungssehen und dem Formensehen reagiert das Tier auf das Licht, das von den Körpern

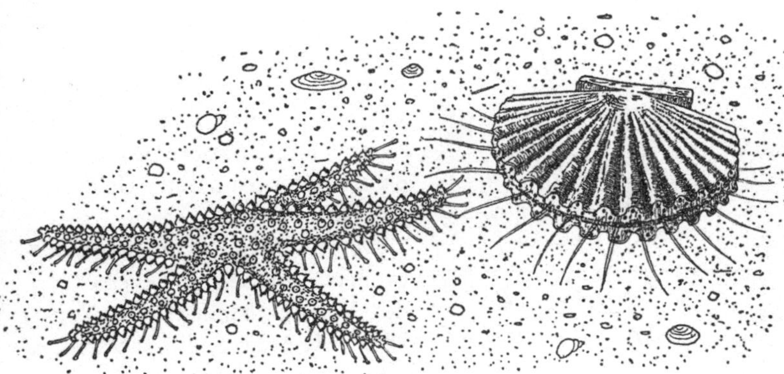

Abb. 20. Seestern und Pilgermuschel mit Riechtentakeln und Augen am Mantelrand.

seiner Umgebung reflektiert wird. Zu dieser Leistung sind aber immerhin ziemlich gute Augen erforderlich und wir finden diese Reaktionsarten nur bei Tieren, die schon eine ziemlich große Organisationshöhe besitzen. Für die Mehrzahl des niederen Getiers sind tausendmal wichtiger die Strahlen, welche die Mutter alles Lebens, die Sonne, direkt auf die Erde niedersendet. Sie sind die Wegweiser im Leben dieser Kleinen.

Das Richtungssehen ist uns Kulturmenschen etwas so Ungewohntes, daß man sich erst etwas hineindenken muß. Im normalen Leben ist es uns meist ganz gleichgültig, aus welcher Richtung die Sonnenstrahlen kommen, und auch in der Wildnis, in der man in die Irre gehen kann, spielt heute der Stand der Sonne keine Rolle, man bedient sich des Kompasses. Dieses Instrument sollen nun zwar die Chinesen schon vor Christi Geburt gekannt haben, aber in Europa wird es erst seit dem 12. Jahrhundert verwendet. Wie haben sich nun die alten Römer und Griechen auf hoher See oder im unbekannten Lande zurechtgefunden?

Einen recht interessanten Beitrag zu dieser Frage liefert die Xenophonsche Anabasis. Als Xenophon seine Griechen nach Hause führen wollte, suchte er das Schwarze Meer zu erreichen, das nördlich von ihm lag, und darum marschierte er, frühmorgens aufbrechend, „die Sonne zur Rechten". Er benutzte also die Sonne genau so, wie wir heute den Kompaß: In beiden Fällen wird der Winkel zwischen der Bewegungsrichtung und der orientierenden Kraft konstant gehalten, dann läuft man mit Sicherheit geradeaus.

Der Laufkäfer, der sich einen großen Teil seines Lebens „auf der Walze" befindet, der Mistkäfer, die Ameise, die Laufspinne, die Biene in der Luft, sie alle machen es nun noch heute genau so wie der alte Xenophon vor zweitausend Jahren. Die Sonne ist

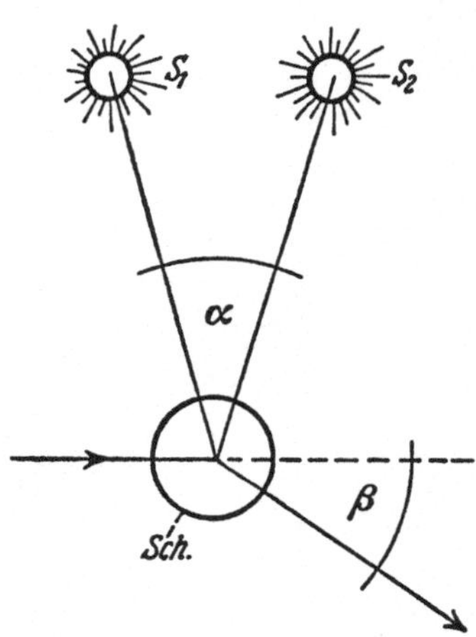

Abb. 21. Lichtkompaßbewegung. Schachtelversuch von *Brun*. α = β.

der Führer auf ihrem Wege. So leicht freilich wird man gar nicht auf den Gedanken kommen, daß solch ein Tierchen, das in beliebiger Richtung die Straße kreuzt, sich irgendwie nach der Sonne orientiert. Man muß schon einen verschmitzten Kunstgriff anwenden, den ein Schweizer Ameisenforscher in die Wissenschaft eingeführt hat: Man beschattet das Tier und läßt gleichzeitig durch einen Spiegel die Sonnenstrahlen von der entgegengesetzten Seite in sein Auge fallen. Dann erlebt man ein sehr anmutiges Schauspiel. Das Insekt hält einen Augenblick still, dann macht es auf der Hinterhand kehrt und läuft dieselbe Strecke zurück, die es soeben gekommen ist. Einen noch hübscheren Versuch ersann sich einer seiner Landsleute (Abb. 21). Man sperrt eine Ameise, die sich auf dem Wege zu ihrem Nest befindet, ein Stündchen in eine dunkle Schachtel. Nimmt man sie wieder heraus, so geht sie nicht ihren alten Weg weiter, sondern einen neuen, von jenem um den Winkel abweichend, den die Sonne inzwischen durchmessen hat (Abb. 21). Man hat diese Art der Orientierung die Lichtkompaßorientierung genannt und mit ihr ein wichtiges Lebensgeheimnis der Kleintierwelt enträtselt. Sogleich erhebt sich aber eine weitere Frage: Warum ist es denn eigentlich so wichtig für ein Tier, das heimatlos in der unendlichen Welt umherläuft, daß es geradeaus läuft? Bei der Ameise liegen die Dinge ja anders, sie will zu ihrem Nest, aber der Laufkäfer oder irgendein anderer seiner Sippe will ja an keinen bestimmten Ort: Ihr Feld ist die Welt! Glücklicherweise sind wir nun aber der Mühe enthoben, uns allzuviel Gedanken über dieses eigenartige Problem zu machen, denn Goethe, obgleich er zwar die Lichtkompaßorientierung nicht kannte, fand schon mit Seherblick die Lösung. Im Faust läßt er Mephisto das folgende sprechen:

> Ich sag' es dir, ein Kerl, der spekuliert,
> ist wie ein Tier auf dürrer Heide,
> von einem bösen Geist im Kreis herumgeführt,
> und rings herum liegt schöne grüne Weide."

Übersetzt man dies Dichterwort ins Triviale des Käferlebens, so heißt es: „Wenn du dort, wo du bist, nichts zu fressen findest, so wirst du bestimmt verhungern, wenn du im Kreise herumläufst. Du mußt geradeaus laufen, willst du neue Nahrung finden." Diesen Merkspruch hat die Natur allem kleinen Getier mit auf den Weg gegeben, und ihm folgt es mit untrüglichem Instinkt.

Es kann nun leicht vorkommen, daß solch ein Käfer, der in bestimmter Richtung zur Sonne marschiert, aus irgendeinem Grunde seine Orientierung verliert. Er fällt etwa in ein Wagengleis, und wenn er endlich die steile Sandböschung wieder hinaufgekrabbelt ist, dann merkt er, daß er ganz falsch zur Sonne steht, sie scheint jetzt vielleicht von links in sein Auge, während sie vorher von rechts kam. Es gibt wenig überzeugendere Beispiele von der unendlichen Liebe, mit der die Natur gerade ihre Kleinsten bedacht hat, als dies hier. Bei der Konstruktion des Gehirns ist jede Situation vorausbedacht worden, in die das Tier jemals kommen könnte. Es kann zur Sonne stehen wie es will, stets findet es in kürzester Winkeldrehung wieder in seine alte Stellung zum Licht zurück.

Nehmen wir also an, der Mistkäfer wäre zu Anfang so gelaufen, daß das Licht gerade von der Seite in sein linkes Auge fiel, und befände sich nachher so, daß das rechte Auge schräg von vorn die Sonnenstrahlen empfängt, so kann man zehn gegen eins wetten,

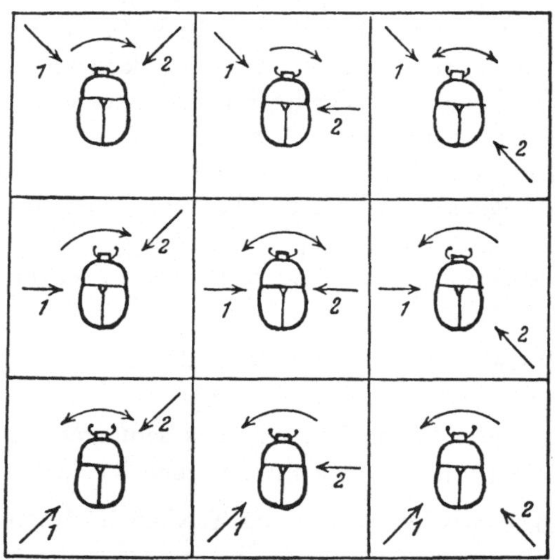

Abb. 22. Reaktion des Mistkäfers auf Änderung der Lichtrichtung. Das Licht 1 wird durch das Licht 2 ersetzt. Der Pfeil gibt den Drehsinn der Bewegung an, durch welche der Käfer seine ursprüngliche Beziehung zum Lichte wiedergewinnt.

daß er sich rechtsherum drehen wird. Er dreht sich um den kleineren Winkel (etwa 135 Grad) und hat dann seine alte, gewohnte Stellung zum Licht wieder inne. Trifft aber das Licht das rechte Auge schräg von hinten, so ist mit großer Sicherheit zu erwarten, daß sich das Tier linksherum dreht (Abb. 21).

Die Lichtkompaßorientierung ist aber nicht die einzige Form des Richtungssehens, die wir kennen.

Die Phototaxis. Wenn man im Krankenzimmer müde vor sich hindämmert, oder wenn man im Wartezimmer irgendeines Gewaltigen zum nichtstuerischen Grübeln verurteilt ist, so überrascht man sich wohl dabei, daß das Auge mit magischem Zwange nach der Deckenlampe starrt, die den Raum erhellt. Es ist dies, wie es scheint, der Rest einer uralten Gewohnheit, die bei den niederen Tieren in weitestem Maße verbreitet ist und daselbst Phototaxis oder Phototropismus genannt wird.

Die Phototaxis äußert sich darin, daß das Tier, wenn sich ihm eine deutliche Lichtquelle bietet, die Sonne, der Himmel oder etwa eine Glühlampe, sich auf diese zudreht und dann meist geraden Laufs auf das Licht zuläuft, schwimmt oder fliegt. Sie kann auch mit umgekehrtem Vorzeichen auftreten und bewirken, daß das Tier vor dem Lichte Reißaus nimmt und geradlinig von ihm wegstrebt. Was ist der Sinn dieser Erscheinung? Sicher ist zunächst, daß die Lichtquelle selbst für kein Lebewesen ein begehrenswertes Ziel ist. Alle Tiere sind erdgebundene Geschöpfe, der Flug zur Sonne würde keinem von ihnen nützlicher sein, als er es dem Ikarus gewesen ist. Das Licht ist nur ein Wegweiser, es zwingt das phototaktische Tier von dort, wo es gerade ist, sich dem Lichte zu nähern. Mehr kann man im allgemeinen hierüber

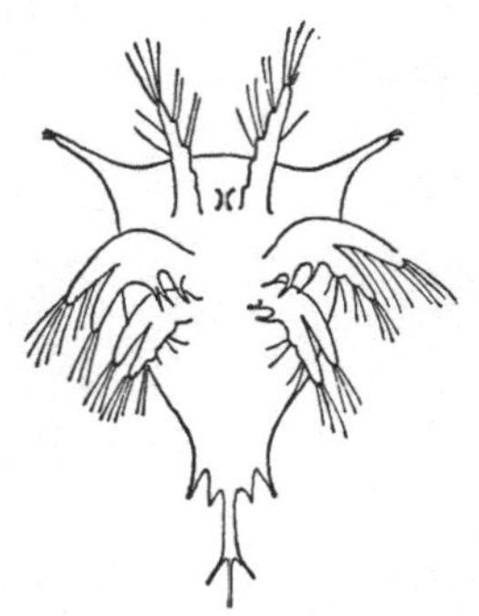

Abb. 23. Ältere Naupliuslarve des festgewachsenen Krebses *Balanus*.

nicht sagen, erst der einzelne Fall klärt darüber auf, welchen Nutzen das Tier von seinem Verlangen zum Licht hat. Wir wollen uns im folgenden zunächst einige Beispiele hiervon etwas näher ansehen.

Auf dem Grunde des Meeres, inmitten von Seegras und allerlei Tang, sitzt der kleine Krebs *Balanus*, festgewachsen auf dem Rücken einer fetten schwarzen Miesmuschel. Es ist Frühling und vor kurzem Paarungszeit gewesen, und daher beherbergt der Krebs unter seiner schützenden Schale eine Masse kleiner Nachkommen, Naupliuslarven genannt, die nunmehr bereit sind zum ersten Schritt in die große Welt. Es sind winzige Geschöpfe mit sechs starken, borstigen Beinen (Abb. 23). Ganz vorn am Kopf tragen sie wie die Zyklopen der Sage ein unpaares Auge. Sobald sie dem mütterlichen Schutze entronnen sind, streben sie mit ungestümem Drange dem Lichte zu. Nun ist es mit der Richtung des Lichtes im Wasser etwas anders bestellt als auf dem Lande. Das Sonnenlicht kann nur unter ziemlich steilem Winkel ins Wasser dringen. Die Abend- und Morgensonne kann ihre schrägen Strahlen nicht in das nasse Element gelangen lassen, denn die spiegelnde Oberfläche schickt alles Licht wieder in die Luft zurück. Das Licht kommt also im Wasser praktisch immer von oben. So kommt es, daß die kleinen Balanuslarven und unzähliges anderes Getier: Wurmlarven, Muschel- und Schneckenlarven vom Grunde hoch nach oben ins freie Wasser schwimmen. Hier verteilen sie sich, das eine geht hier-, das andere dorthin, wie es die

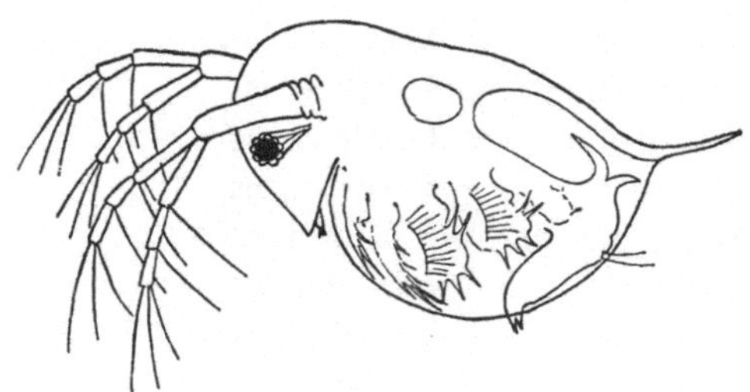

Abb. 24. Wasserfloh.

Strömung und die Wellen bedingen, und so sind die Kinder einer Mutter nach kurzer Zeit über eine große Meeresfläche in alle vier Winde verteilt. Nach einiger Zeit behagt ihnen das Schwimmen zum Licht nicht mehr, sie lassen sich zu Boden sinken und suchen sich auf dem Meeresgrunde ein stilles und beschauliches Plätzchen aus, auf dem sie, festwachsend, das übrige Leben verbringen werden. Durch die Phototaxis wird es also in diesem Falle verhindert, daß alle Nachkommen auf einem Klumpen bei der Mutter bleiben, in ihrer nächsten Nähe sich ansiedeln und sich gegenseitig die schärfste Konkurrenz machen.

Der Laie wird diese Dinge nie beobachten können, aber in dem jetzt zu beschreibenden Falle kann sich ein jeder selbst den Spaß machen, Phototaxis hervorzurufen. Nötig hierzu ist nur ein großes Glasgefäß, eine Flasche Selterswasser und eine Handvoll Wasserflöhe, wie man sie von jeder Aquarienhandlung bekommt (Abb. 24). Der Wasserfloh (*Daphnia*) ist auch ein kleiner Krebs. Er tummelt sich in der warmen Jahreszeit in ungeheuren Mengen in unseren Tümpeln und Teichen, aber daß er eine besondere Vorliebe für das Licht hat, kann man so ohne weiteres nicht sehen. Gießt man aber in das Glas, in dem einige tausend Wasserflöhe kreuz und quer durcheinanderschwimmen, einen Schuß Selterswasser hinein, so ist mit einem Schlage alles verändert. Jetzt hat jeder Wasserfloh nur ein einziges Begehren: das Licht, und so schwimmen sie in dichten Scharen aufs Fenster zu und sammeln sich an der Fensterseite ihres Gefäßes, unaufhörlich mit dem Kopf gegen das harte Glas stoßend. Es ist leicht zu beweisen, daß dieser sehr drastische Erfolg auf Rechnung der Kohlensäure zu setzen ist, die sich im Selterswasser befindet, sie macht, wie man es kurz sagt, den Wasserfloh positiv phototaktisch. Hierdurch offenbart sich uns aber ein interessantes Wechselspiel verschiedener Sinne. Die Kohlensäure stellt einen chemischen Reiz dar, sie wird durch chemische Sinnesorgane wahrgenommen und dem Gehirn gemeldet. Auf diese Meldung hin tritt im Nervensystem eine Art Umschaltung ein. Der Augenapparat, der vorher zu anderen Zwecken diente, wird jetzt auf Phototaxis umgestellt, und sogleich sehen wir den Effekt. Im Laboratoriumsglas ist die ganze Erscheinung für das Tier sinnlos. Die Wasserflöhe sterben, durch die Kohlensäure vergiftet, wenn sie auch noch so sehr gegen die Lichtseite ihres gläsernen Gefängnisses stoßen. Der tiefe Sinn des ganzen, so komplizierten Mechanismus zeigt sich einem erst, wenn man sich vorstellt, wie es in der freien Natur zugeht. Am Grunde unserer Tümpel spielen sich stets allerlei Verwesungsprozesse ab. Sterbende Tiere sinken zum Grunde nieder, Blätter verfaulen, die der Wind ins Wasser weht. Aus all solchen faulenden Stoffen entwickelt sich im reichsten Maße die Kohlensäure und verpestet das Wasser. Es gilt also für den Wasserfloh solche Stellen zu meiden. Da nun das Licht stets von oben ins Wasser fällt, bietet die Phototaxis ein einfaches Mittel hierzu. Sie leitet mit sicherer Hand das ihr anvertraute Tier aus dem vergifteten Wasser am Grunde der Oberfläche zu, an der sich klares Wasser befindet.

Man kann die Phototaxis auch bei manchen uns eng vertrauten Hausgenossen studieren und dabei sogar etwas für das tägliche Leben lernen. Niemand liebt die dicke Schmeißfliege, die gern frühmorgens durchs offene Fenster in unser Schlafzimmer kommt und uns mit unerträglichem Gebrumm den süßen Morgenschlummer raubt. Wie vertreibt man den Störenfried? Fangen läßt sie sich nicht so leicht, aber wenn man die Phototaxis zu Hilfe ruft, ist es eins, zwei, drei geschehen. Man nimmt ein Handtuch oder sonst einen großen Gegenstand und scheucht die Fliege damit im Zimmer herum. In ihrem geängstigten Zustand erwacht dann die Phototaxis, sie fliegt dem hellen Fenster zu und entweicht ins Freie.

Aus diesen drei Beispielen können wir uns nun ein etwas konkreteres Bild vom Wesen der Phototaxis machen. In jedem Falle befreit sie das Tier aus einer ihm unbequemen Lage und bringt es an einen besseren Ort. Warum die Lage, in welcher die Phototaxis auftritt, dem Tiere lästig ist, dies kann nur von Fall zu Fall entschieden werden. Einmal ist es der Vergiftungstod, der dem Tiere droht, ein andermal die Gefahr des Erstickens, des Getötetwerdens usw. Der Weg zum Licht ist stets nur ein Mittel, vom Tier selbst unverstanden. Aber ebenso wie die Mutter das Kind durch ein Zuckerstück bewegt, dorthin zu kommen, wo sie es gern haben möchte, so leitet Mutter Natur das kleine Getier mit Hilfe des Lichts aus Gefahr und Not.

Der Hautlichtsinn. So fremd uns das Richtungssehen auch anmutet, so ist es doch eine Leistung, die wir auch mit unserem Auge leicht ausführen könnten. Dagegen ist uns der Hautlichtsinn, d. h. die Fähigkeit, mit der ganzen Haut oder doch großen Teilen von ihr Licht wahrzunehmen, im Grunde etwas Unfaßbares. Und doch gibt es eine ganze Reihe von Tieren in den allerverschiedensten Tierklassen, die nur auf diese Weise mit dem Lichte Bekanntschaft machen. Sie haben gar keine Augen, aber überall in der Haut verstreut, wie unsere Wärme- oder Schmerzpunkte, sitzen besonders gestaltete Lichtsinneszellen. Sehen in unserem Sinne kann solch ein Tier überhaupt nicht. Vorausgesetzt, daß es etwas empfindet, wird es das Licht wahrscheinlich in ähnlicher Weise merken wie wir die Wärme.

Sicher dagegen ist es, daß der Hautlichtsinn reflektorische Bewegungen verursachen kann. Die komplizierteste von ihnen ist die Bewegung aufs Licht zu oder vom Licht weg, die also biologisch durchaus zur Phototaxis gehört. Wie so etwas vor sich geht, kann man sich sehr leicht an unserem Wärmesinn klarmachen.

Niemandem würde es schwer fallen, im Finstern einen heißen Ofen zu finden oder den Eingang zu einem kalten Keller. Sobald man in die Nähe des Kälte ausstrahlenden Gegenstandes gelangt, fühlt man, daß kalte Luft die rechte Hand und die rechte Wange trifft, während die linke Seite nichts Derartiges empfindet. Man braucht jetzt nur eine Drehung auszuführen, bis man die Kälte von vorn bekommt und ist dann sicher, daß man die Kelleröffnung vor sich hat. In derselben Weise kann der lichtscheue Regenwurm die Helligkeit meiden. Erhält er das Licht von der rechten Seite, so liegt die linke im Schatten des eigenen Körpers. Eine rasch ausgeführte Drehung bedingt es nun, daß das Licht von hinten auf den Körper scheint, und in dieser Haltung braucht der Wurm nur geradeaus zu kriechen, um ins Dunkle zu kommen.

Eine derartige zum Licht gerichtete Bewegung kann ein augenloses Tier aber nur dann zustandebringen, wenn es, wie wir, eine linke und eine rechte Körperhälfte besitzt, so daß es merkt, ob beide Hälften gleich oder ungleich belichtet sind. Dies gilt nun allerdings für die meisten Lebewesen, aber unter den Allerkleinsten, den Einzelligen, sind die meisten total asymmetrisch gebaut. Trotzdem sind viele von ihnen wie das bekannte Trompetentierchen *(Stentor)* sehr wohl in der Lage, ins Dunkle zu finden. Der Kniff, den unser *Stentor* anwendet, ist sehr einfach. Wenn er beim regellosen Umherschwimmen zufällig an die Licht-Schattengrenze kommt und mit dem besonders empfindlichen Vorderende ins Licht gerät, dann fährt er schleunigst zurück, als hätte er einen Schrecken bekommen, dreht sich ein wenig, ändert also seine Richtung und versucht sein Glück noch einmal. Dies kann dreimal oder öfter geschehen, solange, bis das Tier beim weiteren Schwimmen im Schatten bleibt. Man hat diese Methode als die des Versuchs und Irrtums ziemlich treffend bezeichnet.

Der Hautlichtsinn dient aber durchaus nicht nur zum Aufsuchen des besten Lichtmilieus, er kann auch das Tier vor Gefahren schützen. Der Röhrenwurm birgt zwar seinen zarten Leib in der sicheren Burg seiner Kalkröhre, aber sein zartes gefiedertes Köpfchen ragt schutzlos und jedem Angriff preisgegeben ins freie Wasser. Er muß also ständig auf der Hut sein, damit ihm nicht plötzlich ein Fisch mit einem Biß den Kopf und sämtliche Tentakel abreißt. Wenn er Augen hätte, wäre die Sache leicht, aber er hat nur einen Hautlichtsinn und außerdem sind seine Tentakel für Vibrationen sehr empfänglich. Mit diesen beiden Mitteln muß er sich helfen. Kommt der Fisch von der Schattenseite, so merkt er ihn an der unvermeidlichen Wasserbewegung, kommt er aber von der Sonnenseite, so eilt ihm außerdem sein Schatten voraus und dies genügt, um den Wurm mit blitzartiger Geschwindigkeit in der Röhre verschwinden zu lassen. Der Schatten ist also gerade für viele solche augenlose Tiere ein wichtiges Alarmsignal. Wenn er sich plötzlich einstellt, kann er nicht von einer vorbeiziehenden Wolke stammen. Wenn ein größeres Hautstück oder viele Tentakel auf einmal beschattet werden, kann kein ganz kleines Tier der Urheber sein. Also bedeutet er, daß irgendein großer Herr sich naht, mit dem wahrscheinlich nicht gut Kirschen essen ist, und darum heißt es, sei auf der Hut! Es gibt nun freilich auch viele Friedfische, die nichts Böses im Schilde führen, aber da er seine wirklichen Feinde nicht zu erkennen vermag, muß der Wurm schon jeder möglichen Gefahr aus dem Wege gehen. Diese sehr einfache Lebensphilosophie beherrscht das Verhalten sehr vieler niederer Tiere. Ein jeder macht es auf seine Art. Die Muschel, die beschattet wird, klappt schleunigst ihre Schalen zu, die Schnekke zieht ihre Fühlhörner ein, die Mückenlarve, die gerade dabei war, sich neue Luft am Wasserspiegel zu holen, eilt nach Beschattung mit zappelnder Bewegung in die Tiefe. Allen diesen Tieren kann man dagegen gar nicht imponieren, wenn man sie plötzlich mit tausend Kerzen belichtet. Ein Mehr an Licht kann in ihrem Leben nichts Aufregendes bedeuten.

Anders ist dies bei einem scheuen Bewohner unserer sandigen Meeresküsten. Der Wanderer in der Ebbe, der sich die Mühe nimmt, einmal den Sand zu seinen Füßen zu betrachten, wird an geeigneten Stellen viele merkwürdige Achterstellen sehen, d. h. zwei schwarze Löcher, die durch eine kurze Brücke miteinander verbunden sind. Es ist dies die von oben gesehene Wohnröhre der weißen Sandmuschel, *Mya arenaria*, die in Amerika gern gegessen wird. Einen Schnitt durch ihre Behausung zeigt das beistehende Bildchen (Abb. 25). Man sieht den Fuß, der das tiefe Loch gegraben hat, die Schale und über ihr, bis zum freien Wasser reichend, das Siphonenpaar: zwei lange, verwachsene hohle Schläuche, deren offene Enden die Acht ausfüllen, die wir

soeben sahen. Der eine Sipho schlürft fortwährend Wasser in
sich hinein und mit ihm Tausende von winzigen Algen und andere
für Muscheln genießbare Dinge, der andere wirft das verbrauchte
Wasser wieder hinaus. Diese Siphonen sind nun schön fleischig
und für jeden Raubfisch ein wahrhafter Leckerbissen. Würden sie
über den schützenden Sand hinaus ein
Stück frei ins Wasser ragen, so wäre
es bald um sie geschehen. Daß dies
eintritt, verhindert aber der Hautlichtsinn. Sobald die lichtempfindlichen
Spitzen der Siphonen vom hellen Tages-
lichte oder gar von der Sonne getroffen
werden, alarmieren die überall verteil-
ten Lichtsinneszellen das Nervensystem,
und schon nach wenigen Sekunden
werden die allzu neugierigen in die Tiefe
des schützenden Sandes zurückgeholt.

2. Vom Farbensinn

Die überragende Stellung, welche
der Farbensinn unter den menschlichen
Sinnen einnimmt, geht aus nichts deutlicher hervor als aus dem Interesse, das
gerade die größten Geister der verschiedensten Zeiten diesem Probleme ent-
gegengebracht haben. Lionardo da

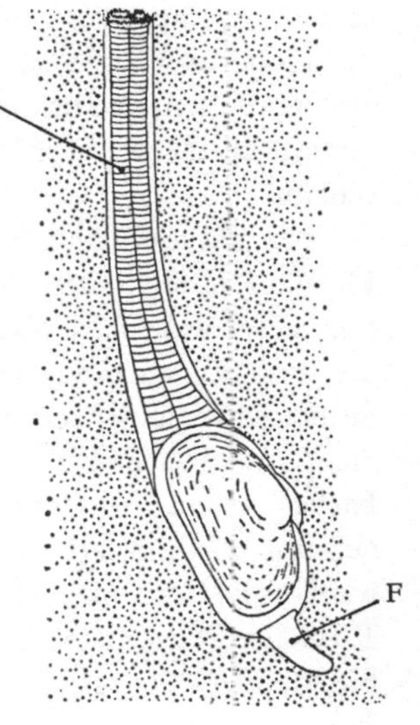

Abb. 25. Sandmuschel
Mya arenaria. *F* Fuß,
S Siphonen.

Vinci, Newton, Goethe, Helmholtz haben sich in die Netze der
Farbenlehre verstrickt und auch aus der jüngeren Zeit ließen sich
eine Reihe bedeutender Namen hervorheben, denen es die bunte
Welt der Farben angetan hat. Ganz ist es aber keinem dieser
Großen gelungen, den Schleier zu lüften, und es wird wohl noch
recht lange dauern, bis wir zu einem allseitig befriedigenden Verständnis unseres Farbensinnes gelangt sind.

Aus diesem Grunde soll es auch in den nachfolgenden Zeilen
keineswegs versucht werden, eine gelehrte Abhandlung unseres
derzeitigen Wissens zu liefern. Wir wollen über den Farbensinn
nur etwas plaudern.

Ganz interessant ist es, einmal Schall und Licht miteinander zu vergleichen. Es gibt in der Natur tausend und abertausend Schallquellen: die Tierstimmen, der Wind, das murmelnde Bächlein, der Schritt, der Donner, die Brandung des Meeres und so fort, aber es gibt in ihr nur eine einzige natürliche Lichtquelle, nämlich die Sonne. Der Gehörsinn der Tiere ist dementsprechend sehr oft nur auf eine ganz bestimmte Schallquelle eingestellt, aber der Licht- und Farbensinn aller Wesen kann gleichmäßig als eine Anpassung an die nun einmal gegebenen Verhältnisse des Sonnenlichtes betrachtet werden, das über Gerechte und Ungerechte scheint.

Über das Sonnenlicht müssen wir uns zunächst etwas vom Physiker unterrichten lassen. Er lehrt uns, daß das Licht der Sonne sich aus zahlreichen verschiedenen Strahlen zusammensetzt, die sich voneinander nur durch eines unterscheiden, nämlich durch die verschiedene Wellenlänge. Farben gibt es in der Physik nicht, sie sind nur dort vorhanden, wo es Organismen gibt, die Farben sehen. Alle Strahlen des Sonnenlichts zusammen erscheinen uns weiß, unfarbig. Daß es Farben auf Erden gibt, liegt also weniger an der Sonne, als an einer zweiten, höchst eigentümlichen Tatsache. Die meisten Gegenstände, die uns umgeben, haben die Eigenschaft, gewisse Lichtstrahlen in sich aufzunehmen, andere dagegen nicht in ihr Inneres hineinzulassen, sondern zu reflektieren. Darauf beruht ihre Farbigkeit. Die Mohnblüte ist rot, weil sie alles andere Licht verschluckt: das gelbe, grüne, blaue und violette. Vom roten Licht dagegen will sie nichts wissen, sie wirft es zurück, so daß es in unser Auge gelangt. Diese Tatsachen sind uns von frühester Jugend an geläufig, und daher erscheinen sie uns selbstverständlich, in Wirklichkeit sind sie alles andere als dies. Physik und Chemie können uns auch heute diese einfachsten Dinge nicht genügend erklären. Daß der Schwefel gelb ist, der Zinnober rot und die Kohle schwarz ist, muß man ganz einfach auswendig lernen wie die Jahreszahl der Schlacht von Issus. Aus diesem absonderlichen Verhalten der Gegenstände den Sonnenstrahlen gegenüber ergibt sich aber erst der Nutzen eines praktisch wirksamen Farbensinnes. Denn wenn ein Organismus es versteht, verschiedenartiges Licht oder, wie der Physiker sagt, Licht von verschiedener Wellenlänge zu unterscheiden, so hat er damit eine neue und weitreichende Fähigkeit gewonnen, die Körper, die verschiedenes Licht reflektieren, auseinanderzuhalten.

Was dies für den Organismus besagen will, wird einem am deutlichsten offenbar, wenn man an die Farben der belebten Natur denkt. Sie sind ja überhaupt die vorherrschenden. In der Steinwüste unserer Städte fallen sie freilich weniger ins Gewicht, aber in der freien Natur gehört das meiste, was Farben trägt, dem lebendigen Kleide der Mutter Erde an. Das ehrfürchtigste Alter unter ihnen hat das Blattgrün. Die Natur schuf es, damit das Blatt, das der Sonnenenergie bedarf, die Sonnenstrahlen so gut ausnützt, wie es nur eben möglich ist. Erst viel später kam die Blume. Sie wollte gesehen werden und kleidete sich daher in Farben, die vom Blattgrün leuchtend sich abheben: Blau, Gelb, Rot, Weiß. Ihre Pracht ist aber nicht um unseretwillen entstanden, sondern zum Gefallen der Bienen, Schmetterlinge und anderer fleißiger Insekten, denen die Natur die Aufgabe erteilt hat, die Blumen zu befruchten. So sind Blumen und Insekten, die eine der engsten Lebensgemeinschaften darstellen, die wir kennen, gewissermaßen aneinander emporgewachsen, und daher ist der Farbensinn der Insekten in seiner Einfachheit und biologischen Klarheit am besten geeignet, uns in dieses ganze Gebiet einzuführen.

Der Farbensinn der Insekten. Beginnen wir mit den Schmetterlingen. Den Farbensinn eines Tagfalters, etwa eines kleinen Fuchses *Vanessa urticae*, kann man sehr leicht studieren, wenn man einem solchen Tierchen auf grauem Grunde zahlreiche bunte Papierblumen darbietet, rote, gelbe, grüne, blaue, violette, und dann einfach zählt, wie oft jede einzelne Blume von dem Falter besucht wird. Es gelingt dieser hübsche Versuch mit jedem frisch geschlüpften Tier, das mit neuen Sinnen eine ihm neue Welt betrachtet. Es braucht nichts zu lernen, alles, was es zu seinem so einfachen und kurzen Leben zu können braucht, bringt es fix und fertig auf die Welt mit, wenn es dem engen Gefängnis seiner Puppenhülle entschlüpft, so auch seine Vorliebe für die bunte Farbe. Sobald die zuerst weichen Flügel gehärtet und gestreckt sind und den ersten Flug in die sonnige Welt erlauben, wird dem Falter die Blume zum Magnet. Eine Zählung der Anflüge der bunten Papierblumen ergibt nun ein sehr bemerkenswertes Bild (Abb. 26).

Die allermeisten seiner Anflüge gelten den gelben und den blauen
Papierblumen, im Roten, Gelbgrünen und Violetten gibt es nur
sehr spärliche Besuche, im Grün so gut wie gar keine. Natürlich
darf man aus solchen Beobachtungen nicht den Schluß ziehen, daß
der Falter nur zwei Farben, Blau und Gelb, sieht und alles andere
ihm grau erscheint. Er zeigt uns nur seine Vorlieben. Jedes Tierchen
hat sein Pläsierchen. Der große Fuchs (*Vanessa polychloros*) will nur

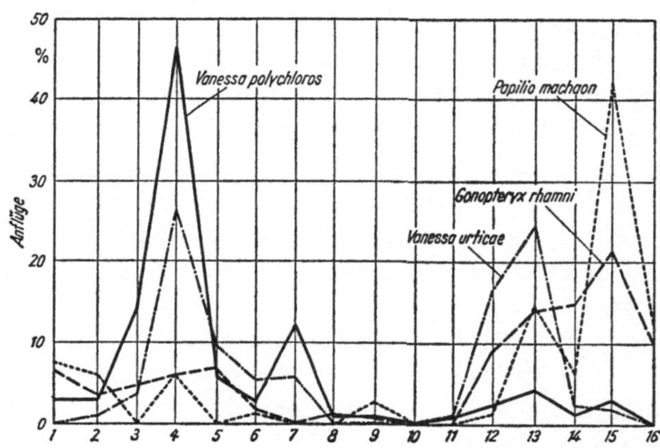

Abb. 26. Spontanwahlversuch verschiedener Schmetterlinge. Abszisse:
Spektrum. 1 bis 3 Rot, 4 bis 5 Gelb, 6 bis 7 Gelbgrün, 8 bis 9 Grün,
10 bis 11 Blaugrün, 12 bis 13 Blau, 14 Violett, 15 bis 16 Purpur (nach *Ilse*).

aus gelben Blumen Honig naschen, der Schwalbenschwanz (*Papilio
machaon*) bevorzugt die violetten. Alle diese Tierchen sind gewissermaßen von Natur auf bestimmte Farben dressiert. Daß das Grün, das
in diesen Versuchen gar nicht beachtet wird, sehr wohl als Farbe gesehen wird, das zeigt uns das Weibchen des Kohlweißlings, aber
nicht, wenn es Blumensaft saugen, sondern Eier legen will. Jetzt
interessiert es sich ungemein für Blaugrün, die Farbe der Kohlblätter.

Will man genaueres wissen, wie sich das Reich der Farben für
das Insekt gestaltet, dann muß man sich schon etwas mehr be-
mühen und ein lernbegieriges Tierchen auf verschiedene Farben
dressieren. Als besonders wertvoll hat sich hierbei die Biene erwiesen. Durch sie wissen wir, daß das Insektenauge nicht die
ganze bunte Pracht der Farben kennt, die unser Auge erfreut.
Wenn ein Regenbogen am Himmel steht, dann sieht sie nicht die

64

überwältigende Fülle verschiedener Farbnuancen, sondern nur
vier verschiedene Bezirke. Der erste reicht vom Hellrot bis zum
Grün, der zweite erstreckt sich nur auf die schmale Zone des
Blaugrün, die dritte umfaßt das Blau und Violett. Aber der vierte
Bezirk bringt eine große Überraschung, denn hier werden wir
gewahr, daß die Biene etwas als selbständige Farbe sieht, was
wir selber überhaupt nicht wahrnehmen können, nämlich das Ultraviolett. Dafür kann sie das satte tiefe Rot nicht sehen, es erscheint
ihr schwarz. Es ist nicht uninteressant, sich die Konsequenzen
eines solchen primitiven Farbensinns etwas auszumalen. Auf
der Obstschale liegt ein hellroter Apfel, eine Orange, eine
Zitrone und eine grüne Weintraube. Für uns sind alle diese
Früchte recht verschieden gefärbt, den Bienen dagegen erscheinen
sie alle in der gleichen Farbe und nur von verschiedener Helligkeit. Noch auffallender ist vielleicht die Tatsache, daß alle gelben
Blumen: der Honigklee, der Ginster, die Sonnenblumen, sich mit
ihren leuchtenden Farben für die Biene nicht vom grünen Blät-
terwald abheben, sie erscheinen ihr nur heller als dieser.

Wenn wir einen Menschen und eine Biene fragen, welche Farbe
der Mohn hat, werden beide eine verschiedene Antwort geben
und beide werden das Falsche sagen. Der Mensch wird erklären,
daß die Mohnblüte rot sei, da er das Ultraviolett nicht sieht, die
Biene wird uns zu verstehen geben, die Mohnblüte sei ultraviolett,
denn sie vermag das Rot nicht zu sehen. In einigen hübschen
Experimenten kann man die Gegensätzlichkeit beider Organismen
erhärten. Wenn man eine Mohnblüte mit einem durchsichtigen
Glase zudeckt, das kein Ultraviolett durchläßt, wird die Biene es
nicht beachten. Deckt man die Mohnblüte aber mit einem schwarzen Glase zu, das nur die ultravioletten Strahlen passieren läßt,
dann verschwindet sie für das Menschenauge, aber die auf Ultraviolett dressierten Bienen werden die Blüte anfliegen.

Der Farbensinn der Insekten in seiner Einfachheit hat einen
großen Einfluß auf unsere heimische Blumenwelt gehabt. Die
Blumen sind ja auf die Insekten angewiesen, und sie mußten sich
daher in der Auswahl ihrer Toiletten ein wenig nach ihren Wohl-
tätern richten. So kommt es, daß es fast keine reinroten Blumen
bei uns gibt, die den meisten Insekten schwarz erscheinen würden.
Andererseits birgt manche Blüte, die uns sehr unscheinbar

vorkommt, z. B. die der Zaunrübe *Bryonia alba*, das Ultraviolett, von dessen Farbenpracht sich der Mensch keine Vorstellung machen kann.

Der Farbensinn der Wirbeltiere. Ein sehr großer Sprung ist notwendig, wenn wir von den Insekten zu den Wirbeltieren gelangen wollen. Freilich dürfen wir hierbei nicht gerade die uns nächststehenden, die Säugetiere, ins Treffen führen, denn sehr zahlreiche Säuger treiben sich in finsterer Nacht herum und verschlafen den hellen Tag in einer Höhle oder einem anderen Versteck. Ihnen allen hat die Natur nur einen sehr beschränkten Farbensinn oder überhaupt keinen gegeben. Einen wirklich guten Farbensinn, der sich mit dem unseren messen kann, haben anscheinend nur die Affen, einen leidlich entwickelten nach neuen Untersuchungen auch die Huftiere und die Hauskatze. Aber schon in der Tiefe des Wirbeltierstammes, bei den Fischen, begegnen wir einem Farbensinn, der dem des Menschen sehr ähnlich ist. Die Fische zeigen ein genau so fein nuanciertes Farbenunterscheidungsvermögen wie der Mensch, das Sonnenspektrum enthält auch für sie alle Regenbogenfarben in ihrer vollen Buntheit. Ein Fisch kann daher sehr gut auf Orange, auf Gelbgrün, auf Blauviolett dressiert werden. Er wird keine dieser Farben mit den benachbarten verwechseln.

Trotzdem muß zugegeben werden, daß wir durch das Studium der Wirbeltiere nicht viel weiter gekommen wären als durch das der niederen Geschöpfe. Nur der Mensch hat uns geholfen. Hier zeigt sich der ungeheure Unterschied, der sich zwischen dem Studium der Empfindungen, das jeder nur an sich selbst machen kann, und dem Studium objektiver Bewegungen besteht, das allein beim Tiere möglich ist. Wir müssen uns daher im folgenden, wenn auch zögernden Schrittes, in das Labyrinth des menschlichen Farbensinnes begeben. Nur die Grundtatsachen wollen wir betrachten

Zapfen und Stäbchen. Die Netzhaut der Wirbeltiere unterscheidet sich von der aller übrigen Lebewesen durch das Vorhandensein zweier verschiedener Sinneszellen, die man als Zapfen und Stäbchen bezeichnet (Abb. 27). Es steht heute einwandfrei fest, daß diese beiden Sorten von Sehzellen eine verschiedene Funktion haben. Die Zapfen dienen zum Sehen bei Tage, also bei großer Helligkeit, zugleich verdanken wir ihnen das Vermögen des

Farbensehens. Die Stäbchen dagegen werden bei geringer Licht-
helligkeit benutzt, vorzugsweise also bei Nacht; sie können
keine Farben sondern nur Helligkeiten unterscheiden.

In der menschlichen Netzhaut verteilen sich diese beiden Sehelemente in sehr charakteristischer Weise. Im Zentrum der Netzhaut, im sogenannten gel-
ben Fleck oder der Fovea
centralis, haben wir nur
Zapfen und gar keine Stäbchen. Nach der Peripherie
zu nehmen die Zapfen im-
mer mehr ab und die Stäb-
chen immer mehr zu. Die
Fovea centralis ist für unser
Sehen von der allergrößten
Bedeutung. Nur mit dieser
kleinen Stelle sehen wir
scharfe Bilder. Wenn wir
irgend einen Gegenstand
im seitlichen Feld unserer
Netzhaut sehen und wir
wollen ihn uns ein wenig
näher betrachten, so drehen
wir das Auge so, daß das
Bild dieses Gegenstandes
genau auf die Fovea centralis projiziert wird.

Man kann sich auf eine
sehr einfache Weise von der
wichtigen Tatsache über-
zeugen, daß es in der Fovea
centralis keine Stäbchen

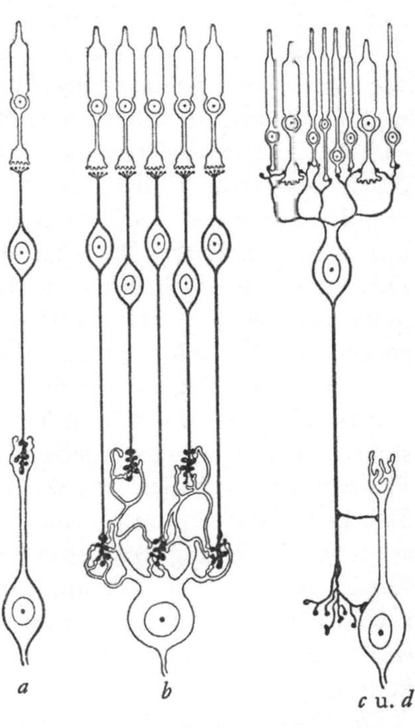

Abb. 27. Einzelbilder aus der Retina
der Primaten. Nach *Polyak* 1941.
a Zapfen isoliert abgeleitet, *b* 5 Zapfen
zu einer großen Ganglienzelle abgeleitet, *c* und *d* verschiedene Zapfen
und Stäbchen gemeinsam abgeleitet.

gibt. Wenn wir in einer klaren Nacht die überwältigende Schönheit des Sternenhimmels auf unser Gemüt wirken lassen und uns
hierbei die Lust ankommt, einen Fixstern[1] etwas genauer zu betrachten, so erleben wir eine Enttäuschung. Bringen wir sein
Bild auf die Fovea centralis, wie wir dies vom Tagessehen her

---

[1] Man tut hierbei gut, keinen zu hellen Fixstern zu wählen.

gewohnt sind, dann ist die ganze Pracht plötzlich verschwunden, weil sich eben an dieser Stelle keine Stäbchen befinden. Blicken wir wieder etwas seitlich, dann ist der Stern plötzlich wieder da.

Die Stäbchen geben uns auch sonst allerlei zu denken. Wenn der Vollmond „Busch und Thal still mit Silberglanz" erfüllt, dann sind alle Farben in diesem Glanze verschwunden. Das Grün der Pflanzen, die bunte Pracht einer blumigen Wiese, all dies ist von dem märchenhaften Silberglanze verschluckt worden. Ich weiß nicht, ob Goethe hieraus geschlossen hat, daß der Mond ein anderes Licht aussendet als die Sonne, aber der Laie unserer Tage glaubt dies gewiß. Er irrt indessen! Der Mond leiht ja sein Licht von der Sonne und das Licht beider Gestirne unterscheidet sich nur durch seine Stärke. Das Sonnenlicht ist ca. 160 000mal stärker. Daß wir im Mondlicht keine Farben sehen, dafür dürfen wir den guten alten Mond nicht zur Verantwortung ziehen. Wir selbst erzeugen das silbrige Mondlicht, indem wir es mit den Stäbchen betrachten, die unfähig sind, Farben zu unterscheiden.

Aus dem, was wir jetzt vom Menschen wissen, ist leicht zu verstehen, daß alle nächtlich lebenden Tiere: Kröten, Mäuse, Ratten, Fledermäuse, Halbaffen und wie sie alle heißen, überhaupt nur Stäbchen in ihrer Netzhaut haben. Anderseits gibt es eine Reihe ausgesprochener Tagtiere, besonders unter den Reptilien, die nur Zapfen und gar keine Stäbchen haben. Solche Tiere werden also auch bei Mondlicht Farben sehen, aber wahrscheinlich werden sie sehr bald, wenn es dunkel wird, überhaupt nichts mehr erkennen können.

Die Dreifarbenlehre. Wir haben gesehen, daß bei unseren Sinnen stets zweierlei zu unterscheiden ist: das Sinnesorgan, das uns kundtut, was es überhaupt in unserer Umwelt gibt, und der Auswerteapparat in unserem Gehirn, der die Zeichensprache unserer Sinnesorgane in Empfindungen umsetzt. Diese beiden Stationen, die stets durchgangen werden müssen, sind zwar von der größtmöglichen Verschiedenheit, wenn aber der Mensch seine Sinnesorgane, z. B. das Auge, durch Selbstbeobachtung prüft, vermag er in den meisten Fällen nicht zu unterscheiden, welcher Effekt auf die erste und welcher auf die zweite Station zu beziehen ist. In der älteren Zeit der Forschung ist man über diese Schwierigkeit nicht hinweggekommen, erst in der neueren Zeit sind Methoden

entwickelt worden, die es erlauben, die Leistung des Sinnesorgans klar von dem übrigen abzutrennen. Der weitschauende
Geist einiger bedeutender Forscher hat allerdings in der Theorie
schon vor langen Jahren in kühnem Schwung vorweggenommen,
was das Experiment erst in der letzten Zeit zu beweisen vermochte.

Der älteste und darum vielleicht der bedeutendste dieser Männer
war der englische Naturforscher *Thomas Young* (1803). Er wußte
nichts von Zapfen und Stäbchen, selbst der Begriff der Sinneszelle
war ihm unbekannt, denn die
Zellehre entstand erst ein halbes
Jahrhundert später. Aber er
hatte den großartigen Einfall,
daß zum Unterscheiden der verschiedenen Farben verschiedene Sehelemente existieren müß-
ten. Er überdachte nun aber
die unendliche Fülle der Regenbogenfarben und konnte
sich nicht vorstellen, daß so

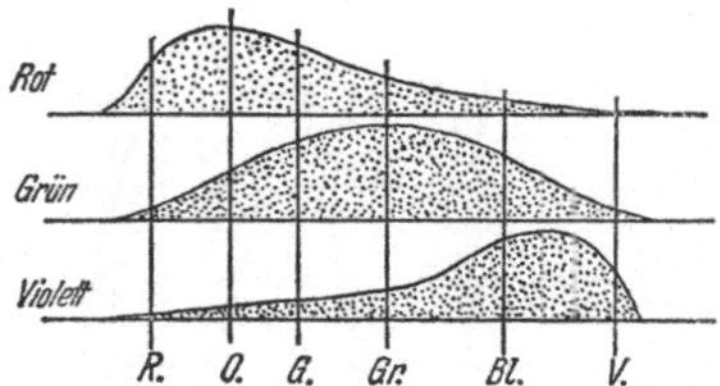

Abb. 28. Empfindlichkeit der drei
Rezeptorensysteme unserer Netz-
haut nach der *Young-Helmholtz*schen
Theorie.

viele verschiedene Sehelemente in unserer Netzhaut vorhanden
sein könnten als es Regenbogenfarben gibt. Aus dieser Schwierigkeit rettete er sich nun durch den grandiosen Schluß, daß es in
unserer Netzhaut eine kleine Zahl verschiedener Sehelemente
geben müsse, drei oder vielleicht auch ein wenig mehr. Nehmen
wir deren drei an, wie es später meistenteils geschehen ist, so
wird jede von ihnen, für sich allein gereizt, die Empfindung einer
der drei Grundfarben: Rot, Grün oder Blau verursachen. Jedes
dieser drei Sehelemente ist nun aber keineswegs nur auf die Wahrnehmung dieser einen Lichtart beschränkt, sie hat dort nur ihr
Empfindlichkeitsmaximum. Wird das Auge z. B. von gelbem
Lichte getroffen, so werden nach *Youngs* Vorstellung alle drei Sehelemente erregt, aber jede in verschiedener Stärke, und die Mischung
der drei Empfindungen, welche die Reize jedes dieser Elemente
für sich ergeben würde, ist eben unser Gelb. (s. Abb. 28). Die
Lehre *Youngs* ist später von *Helmholtz* (1866) aufgegriffen und zur
*Young-Helmholtz*schen Dreifarbenlehre ausgebaut worden, aber
sie blieb eine Hypothese, für welche es nicht gelang, einen

experimentellen Beweis zu erbringen. Erst in unserer Zeit haben sich verschiedene Männer an dieses schwierige Problem herangewagt, von welchen der große schwedische Forscher *Granit* der erfolgreichste war. Der methodische Unterschied zwischen seinen Arbeiten und den der Älteren besteht darin, daß er zum Tierversuch zurückkehrt und daß er nur das Auge benötigt. Dadurch erlangen wir die volle Sicherheit, daß das Gefundene sich wirklich auf das Auge und nicht auf den Auswertungsapparat im Gehirn

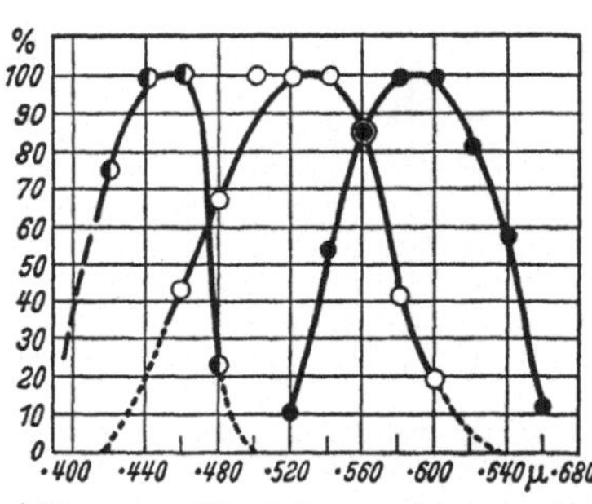

Abb. 29. Modulatorenkurve der Katze. ● rot, ○ grün, ◉ blau. Energiegleiches Spektrum (nach *Granit*, 1945).

bezieht. Auf Einzelheiten seiner Methode können wir leider gar nicht eingehen, weil dies viel zu schwierig wäre. Es sei nur gesagt, daß sich *Granit* der elektrophysiologischen Methode bedient, bei der es darauf ankommt, winzige elektrische Ströme zu registrieren, die bei der Reizung eines Sinnesorgans in diesem und im Sinnesnerv entstehen. Abb. 29 zeigt uns, was dabei herauskommt. Genau wie es die Theorie fordert, sehen wir auch hier drei gesonderte Kurven, deren jede sich auf eine bestimmte Zapfensorte bezieht, aber zum Unterschied von Abb. 28 überschneiden sich diese drei Kurven nur wenig. Dies führt zu gewissen Schwierigkeiten, denen man vielleicht durch die Annahme einer größeren Zahl von Zapfensorten aus dem Wege gehen kann. Manche unserer modernen Forscher nehmen deren vier, fünf oder sogar sieben an. Im Grunde ist aber mit diesen neuen Experimenten die alte Theorie glänzend bestätigt, denn schon der alte *Young* hat sich keineswegs auf die Zahl drei festgelegt. Die Dreifarbenlehre ist in ihrer modernen Form das sichere Fundament unseres Wissens vom Farbensehen. Das ihr Eigentümliche ist die nunmehr bewiesene Vorstellung, daß jedes in sich homogene Licht von ganz bestimmter Wellenlänge im Auge nicht als solches behandelt, sondern gewissermaßen in drei Teile auseinandergespalten wird, um erst im Empfin-

dungszentrum unseres Gehirns wieder zu neuer Einheit zusammen-
zufließen. Im Einklang mit ihr steht die merkwürdige Tatsache,
daß das Auge nicht imstande ist, ein Farbgemisch zu analysieren,
im Gegensatz zum Ohr, das, wie wir noch sehen werden, sehr
leicht aus dem Klang die einzelnen Töne heraushört. Die
Farbempfindung Grüngelb kann z. B. auf die drei folgenden
Arten entstehen: 1. durch reines spektrales Grüngelb, 2. durch
Mischung roter und grüner Strahlen und 3. durch Mischung von
Orange und Gelbgrün. Physikalisch ist die Zusammensetzung
des Lichts jedesmal eine andere, unser Auge aber sieht stets ein
und dasselbe, nämlich Grüngelb.

Nachdem wir so in großen Zügen erfahren haben, was unsere
Netzhaut zum Farbensehen beiträgt, wollen wir uns im folgenden
ein wenig mit den Leistungen der Sehsphäre unseres Gehirns beschäftigen. Der beste Weg hierzu dürfte das Studium der sogenannten Komplementärfarben sein. Die Kenntnis dieser Dinge
ist recht alt. Wir wissen, daß man eine große Menge von
Farbpaaren zusammenstellen kann, die sich, wenn man sie im
rasch rotierenden Farbkreisel zugleich betrachtet, in ihrer Wirkung gegenseitig vernichten. Blaugrün und Rot, Grüngelb und
Violett und viele andere solche Paare geben zusammen den Eindruck eines indifferenten, farblosen Lichtes, so leuchtend jedes
für sich allein uns auch erscheinen mag. Es gilt diese höchst auf-
fällige Erscheinung keineswegs nur für den Menschen; auch beim
Fisch, bei der Biene und beim Wasserfloh hat sich Entsprechendes
zeigen lassen. Wie kann man nun diese für den Farbensinn wohl
aller Organismen so bedeutende Erscheinung erklären? Der Physiker kann mit den komplementären Farben gar nichts anfangen.
Für ihn bleibt es unverständlich, warum gerade Licht von der
Wellenlänge 591 $\mu\mu$[1] und solches von 490 $\mu\mu$ einander entgegen-
gesetzt sein soll.

Eine Zeitlang hat man geglaubt, durch chemische Hypothesen
hier weiterzukommen. Es gibt gewisse Stoffe, auf welche kurz-
welliges und langwelliges Licht eine gegenteilige Wirkung
hat. Die Oxydation von Natriumsulfat wird z. B. durch violet-
tes Licht verzögert, durch rotgelbes beschleunigt, um nur ein besonders einfaches Beispiel zu nennen. Wenn man also annimmt,

---

[1] $\mu\mu$ = millionstel Millimeter.

daß es in unseren Sehzellen lichtempfindliche Stoffe gibt, die ähnliche Eigenschaften wie das Natriumsulfat besitzen, so kann man den ganzen Prozeß der komplementären Farben in sie hinein verlegen. Diesen Weg ging *Hering*, der in seiner berühmten Theorie der einen Lichtart „assimilatorische“, der anderen „dissimilatorische“ Wirkungen zuschrieb, was soviel heißen soll, daß der Stoffwechsel der Lichtsinnzelle durch beiderlei Lichtarten in entgegengesetztem Sinne beeinflußt werden soll. Diese an sich sehr geistreiche Hypothese hat man indessen längst wieder verlassen. Sie krankt an dem Fehler, daß man das Wesen der Komplementärfarben durch die Tätigkeit der Sehzellen zu erklären versucht. Die festgegründete Dreifarbenlehre bietet aber hierzu keine Möglichkeit. Es fragt sich nun, ob es irgendein Experiment gibt, durch das sich erweisen läßt, daß die Komplementärfarben nicht in der Netzhaut, sondern im Gehirn ihre Entstehung haben. Wer die Gesetze der Farbmischung studieren will, wird meist so vorgehen, daß er den Farbkreisel mit den beiden Komplementärfarben mit beiden Augen zugleich betrachtet. Bei dieser Anordnung erfährt man aber nichts davon, ob die Farbmischung in der Netzhaut, in der Nervenschicht unseres Auges oder im Gehirn geschieht. Es ist aber leicht, einen Kunstgriff anzuwenden, der darin besteht, daß man beiden Augen etwas Verschiedenes zu sehen gibt. Man stellt also ein weißes, gut beleuchtetes Tuch vor sich hin und sieht nun gegen diese helle Fläche mit dem linken Auge durch ein rotes Glas, mit dem rechten Auge durch ein grünes. Jetzt ergibt sich etwas durchaus Ungeahntes: Beide so verschiedene Eindrücke, die wir mit jedem Auge einzeln empfinden, vereinigen sich in unserem Gehirn zu einem reinen Weiß, das nichts mehr von den beiden Komponenten erkennen läßt, aus denen es aufgebaut ist. Die Frage nach dem Wesen der komplementären Farben nimmt also ein sehr merkwürdiges Ende. Indem wir erkennen, daß sich die Farben tief im Innern unseres Gehirns mischen, lernen wir zwar sehr viel hinzu, aber zugleich entschwindet jedwede Möglichkeit einer exakten physikochemischen Erklärung, und alles, was wir dem Experiment mit der leblosen Materie zu entnehmen glaubten, zergeht uns zwischen den Händen.

Schwarz. Im Malkasten liegen sie alle einträchtig nebeneinander: Braun, Ocker, Zinnober, Weiß, Saftgrün, Ultramarin und Schwarz.

Keinem Laien wird es jemals einfallen, einen prinzipiellen Unterschied zwischen diesen verschiedenen Farben zu machen. Höchstens, daß er dem Weiß oder Schwarz die anderen als bunt gegenüberstellt. Farben aber sind sie alle. Wenn wir aber einen Physiker befragen, so belehrt er uns, daß das Schwarz eigentlich überhaupt nicht in diese frohe Gesellschaft hineingehört, nicht weil es so düster aussieht, sondern weil es durchaus anderer Herkunft ist.

Alle anderen Farben unseres Malkastens schicken irgendeine Lichtsorte oder eine Mischung verschiedener Lichter in unser Auge. Schwarz dagegen empfinden wir, wenn gar kein Licht in unser Auge gelangt. Es ist dies eine der seltsamsten Tatsachen dieser Welt! Wie merkwürdig sie ist, erkennt man am besten, wenn man das Erlebnis „Schwarz" einmal auf die anderen Sinnesgebiete überträgt. Wie würde es uns anmuten, wenn wir bei lautloser Stille ständig einen bestimmten, sonst nie erklingenden Ton hörten, oder wenn wir dort, wo es in Wirklichkeit gar nichts zu riechen gibt, dauernd einen eigentümlichen Geruch empfänden? Immerhin könnten wir uns an eine solche Sinneswelt gewöhnen, sie liegt nicht außerhalb der Sphäre unseres Vorstellungsvermögens. Dagegen könnte uns auch der phantasiebegabteste Erzähler nicht verständlich machen, wie eine Welt beschaffen wäre, in der es kein Schwarz gäbe. Unser Sehvermögen würde dann also an der Grenze einer schwarzen Fläche aufhören. Was aber würden wir in ihr selbst sehen? Nichts!!

Daß es aber ein solches Nichts in unserer Sehwelt nicht geben kann und geben darf, ist leicht einzusehen. Unser Auge ist in erster Linie dazu da, uns eine Vorstellung von der räumlichen Verteilung der Dinge unserer Umwelt zu liefern. Der uns umgebende Raum ist aber bei aller seiner Unendlichkeit etwas vollkommen Geschlossenes, Einheitliches. Es gibt in ihm keine „Löcher", sondern an jeder Stelle, wo wir auch hinblicken, ist irgendein Ding. Wenn es keinen Baum oder Strauch oder kein Stückchen Erde zu sehen gibt, so erblicken wir das Gewölbe des Himmels, die Wolken oder die aus unendlichen Fernen blinkenden Sterne. Das „Nichts" hat in dieser Welt keinen Platz, und da es nun einmal so ist, darf es auch in der Empfindung unseres Auges keine Stelle geben, die uns ein solches „Nichts" vortäuschen könnte. Aus diesem Grunde empfinden wir schwarz, wenn in Wirklichkeit gar kein Licht in unser Auge fällt.

Es gibt noch ein zweites Beispiel dafür, daß unser Auge keine Löcher im Sehraum duldet. Dort, wo der Sehnerv in unser Auge eintritt, liegt der sogenannte blinde Fleck. Er enthält weder Stäbchen noch Zapfen, und darum kann man mit ihm nicht sehen. Es ist sehr einfach, sich hiervon zu überzeugen. Man hält Abb. 30 vor das rechte Auge, während man das linke schließt und fixiert das Kreuz, das sich links auf dem schwarzen Felde befindet. Nun nimmt man ein Streichholz und hält es mit der Kuppe gerade vor

Abb. 30. Versuchsanordnung zur Demonstration des blinden Flecks, nach *Kühn*. Näheres Text.

das Kreuz. Verschiebt man jetzt das Streichholz nach rechts, ohne mit dem Fixieren des Kreuzes aufzuhören, so verschwindet die Kuppe plötzlich bei einem gewissen Abstand, um wieder zu erscheinen, wenn man die Hand noch ein wenig weiter nach rechts bewegt. Von der Stelle aus, wo wir nichts sahen, fiel das Bild der Streichholzkuppe gerade auf den blinden Fleck, den man nach Größe, Lage und Form genau ausmessen und berechnen kann. (siehe auch Abb. 31). Den blinden Fleck lernen wir durch dieses einfache physiologische Experiment kennen, wer aber keine solchen Versuche macht und keine gelehrten Bücher liest, wird sein ganzes Leben nichts von diesem eigentümlichen Fehler seines Auges erfahren. Zunächst liegt dies freilich daran, daß wir gewöhnlich mit zwei Augen sehen. Beim ständigen Zusammenspiel derselben ist es unmöglich, daß ein gesehener Punkt zugleich auf den blinden Fleck des linken und des rechten Auges projiziert wird, wir nehmen ihn also stets mindestens mit einem Auge wahr. Aber auch dann, wenn wir überhaupt nur ein Auge gebrauchen, ist vom blinden Fleck nichts zu bemerken. Vielmehr ist unser Gesichtsfeld dort, wo der blinde Fleck von Rechts wegen in Wirkung treten sollte, von dem erfüllt, was die ihn umgebenden Zapfen und Stäbchen wahrnehmen. Sie treten mit ihren Wahrnehmungen mit brüderlicher Hilfsbereitschaft für das ein, was der blinde Fleck nicht zu leisten vermag und sorgen dafür, daß in unserem Gesichtsfeld kein häßliches Loch entsteht.

Diese Dinge sind deswegen von einer besonders großen Bedeutung, weil sie uns lehren, daß unsere Sinnesorgane, mindestens

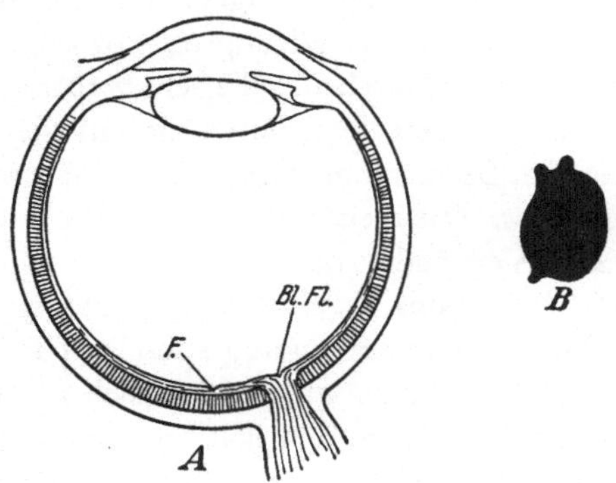

Abb. 31. A Menschliches Auge. *F* Fovea centralis, *Bl. Fl.* blinder Fleck. B derselbe von der Fläche gesehen, stärker vergrößert.

unser Auge, etwas ganz anderes sind als physikalische Apparate. Ein solcher zeigt mit unerbittlicher Wahrhaftigkeit das an, was anzuzeigen seine Pflicht ist. Das Sinnesorgan dagegen lehrt uns eine ganz tiefe und erschütternde Weisheit, daß nämlich die Wahrheit nicht das letzte der Dinge ist. Wichtiger als die Wahrheit ist das Leben, so unmoralisch dies auch klingen mag, und daher nehmen es unsere Sinnesorgane mit der Wahrheit stets dann nicht sehr genau, wenn ihre absolute Wiedergabe dem Lebewesen zum Schaden gereichen würde. Hierüber wollen wir uns im nächsten Kapitel noch ein wenig genauer unterhalten.

3. Die Konstanz der Sehdinge

Der ständige Wechsel von Tag und Nacht bedingt es, daß das Licht, das von den Gegenständen unserer Umgebung reflektiert wird, in weitesten Grenzen schwankt. Die weißgetünchte Wand

schickt mittags, wenn die Sonne darauf fällt, das Vielfache der
Lichtmenge in unser Auge, die dasselbe morgens oder im matten
Scheine der Dämmerung trifft. Wäre unser Auge nichts als ein
physikalischer Apparat, der mit pedantischer Treue meldet, was
draußen vorgeht, so müßte es uns morgens eine dunkelgraue
Wand melden, wenig später eine hellgraue, und mittags wäre die
Wand schneeweiß geworden. Ein und derselbe Gegenstand würde
sich uns also, wie Proteus, der Verwandlungsreiche, in den verschiedensten Vermummungen zeigen. Für das Wiedererkennen
der Dinge, also nahezu das Wichtigste, wozu uns das Auge ver-
hilft, wäre ein solches Durcheinander sehr verhängnisvoll. Darum
sind Vorkehrungen getroffen, durch die uns die Sehdinge trotz
der wechselnden Beleuchtung nahezu konstant erscheinen.

Die Adaptation. Das meiste hiervon leistet die sogenannte Adaptation. Zum Verständnis dieses Vorganges ist es vielleicht nicht
unnütz, daß wir uns zunächst einmal eine photographische Kamera
kurz betrachten. Wenn der Photograph eine Landschaft oder einen Innenraum aufnehmen will, muß er sich zunächst die Licht-
verhältnisse ansehen. Ist es sehr hell, so macht er die Blende, die
den Lichteinfall in die Kamera regelt, eng und belichtet nur kurz.
Ist es düster, so gleicht er die Schwäche des Lichtes durch lange
Belichtung und möglichst offene Blende aus. Was der Photograph
mit der Blende erreicht, leistet das Auge mit der Pupille. Sie
zieht sich zusammen, wenn es zu hell ist und erweitert sich, wenn
das Licht nur schwach ist. Aber viel wichtiger als diese physikalische Adaptation, die wir hier nicht näher betrachten wollen, ist
das Verhalten der Netzhaut, die ihre Empfindlichkeit je nach der
Belichtung in den weitesten Grenzen ändern kann. Auch hier
können wir uns der Kamera erinnern. Wenn ich einen dunklen
Innenraum photographieren will, werde ich einen möglichst empfindlichen Film nehmen, bei greller Sonne im Freien einen wenig
empfindlichen. Die Natur macht es genau so, zum Unterschied
von der physikalischen Adaptation der Pupille nennt man dies die
physiologische Adaptation.

Sie ist keineswegs ein Vorrecht unseres komplizierten Seh-
apparates. Selbst bei Tieren, die nur einen Hautlichtsinn besitzen,
der lediglich heller und dunkler zu unterscheiden weiß, finden
wir das gleiche Gesetz.

76

Wie kann man nun solche subtilen Dinge überhaupt beweisen? Im Grunde ist dies ganz einfach. Wir nehmen uns als Versuchsobjekt den kleinen festgewachsenen Krebs *Balanus*, die sogenannte Seepocke, die man an den Küsten unserer Meere massenhaft an Felsen und Holzbauten findet. Dieses Tier hat die Eigentümlichkeit, sich bei Verringerung des Lichts sofort in sein festes Gehäuse zurückzuziehen. Belichte ich das Tier mit 100 Lux, so kann ich genau feststellen, wieviel Lux ich von der Gesamtmenge wegnehmen muß, damit eine Reaktion eintritt. Es mögen dies 5 Lux[1] sein, d. h. wenn ich das Licht von 100 Lux auf 95 verringere, dann zieht sich das scheue Tierchen flugs in sein Gehäuse zurück, wenn ich aber nur 4 Lux wegnehme, dann bleibt es draußen. Nun mache ich einen zweiten Versuch, bei dem ich den Krebs an eine ganz schwache Belichtung von 10 Lux gewöhne. Jetzt zeigt es sich, daß bereits eine deutliche Reaktion eintritt, wenn ich von diesen 10 Lux ein halbes Lux wegnehme. Während er also vorher auf eine Wegnahme von 4 Lux nicht ansprach, reagiert er jetzt prompt und zuverlässig auf eine Verringerung von nur 0,5 Lux, d. h. er ist unter dem Einfluß der schwachen Belichtung zehnmal empfindlicher geworden.

Weiß und Grau. Bei der Konstanz der Sehdinge, mit der wir uns hier befassen, spielen aber neben der Adaptation auch noch andere Faktoren mit hinein. Für den Physiker ist matt beleuchtetes Weiß und stark beleuchtetes Grau ein und dasselbe. Von beiden wird eine bestimmte Menge weißen Lichts reflektiert, und durch geringfügige Veränderung der Belichtung kann man es leicht dahin bringen, daß dieses reflektierte Licht in beiden Fällen wirklich gleich ist. Für das Auge dagegen ist Weiß und Grau niemals dasselbe.

Der Grundversuch, um den es sich hier handelt, ist einfach genug. Man nimmt ein Stück graues Papier zur Hand und stellt sich mit dem Rücken gegen das Fenster, so daß das volle Tageslicht auf das Papier fällt. Gleichzeitig visiert man über das Papier weg die gegenüberliegende Zimmerwand, die weiß ist, aber nur schwach beleuchtet ist. Befragt man einen physikalischen Apparat, z. B. eine Kamera, was von beiden das hellere ist, so wird die Antwort sehr deutlich zugunsten des Papiers ausfallen, welches

---

[1] Lux = Lichteinheit, früher Meterkerze genannt.

in der Tat das Vielfache desjenigen Lichts zurückwirft, das von der Wand ausstrahlt. Befragt man aber sein Auge, so fällt das Urteil ganz anders aus: das Papier ist grau, aber hell, die Wand dagegen ist zwar weiß, aber schwach beleuchtet.

Man ersieht hieraus, daß das Auge turmhoch über einen selbst sehr komplizierten physikalischen Apparat überlegen ist. Der Apparat registriert die Dinge, das Auge beurteilt sie. Durch einen kleinen Kunstgriff kann man aber sehr leicht das Auge auf das Niveau eines physikalischen Apparates hinunterbringen. Man braucht nur in ein Stück Pappe ein kleines Loch zu stechen und durch dieses hindurch beide zu vergleichenden Objekte abwechselnd zu betrachten. Jetzt fehlt dem Auge die Vergleichsmöglichkeit zwischen dem Objekt und seiner Umgebung und jetzt kommt man zu dem Urteil, daß die Wand dunkler ist als das graue Papier.

Genau das gleiche Problem tritt uns bei den Plattfischen entgegen, die am Grunde des Meeres liegen. Sie passen sich auf das vollendetste dem Untergrunde an und sind also auf dem Sande ganz hell, auf dunklem Grunde dunkel und so weiter. Die Farbzellen der Rückenhaut werden durch einen Reflexapparat, der von den Augen ausgeht, gesteuert, und auch hier erhebt sich die Frage, wie das Tier es fertig kriegt, bei den verschiedensten Belichtungsverhältnissen während des Tages unverändert das gleiche Kleid zu tragen. Eigentlich müßte die Scholle, wenn sie sich nach der Helligkeit ihrer Umgebung richtet, morgens und abends viel dunkler sein als am Mittag. Die Forschung hat hier in recht langwierigen Untersuchungen herausbekommen, daß der Fisch eine Beziehung aufstellt zwischen dem von oben einfallenden und dem vom Boden reflektierten Licht. Diese Beziehung bleibt den ganzen Tag über die gleiche und daher ändert sich auch die Färbung des Fisches nicht.

Die Konstanz der Größe. Unser Auge betrügt uns zu unserem eigenen Vorteil nicht nur, wenn es sich um die Helligkeit der Sehdinge handelt, sondern auch bei der Beurteilung ihrer Größe. Als physikalischer Apparat bildet das Auge einen und denselben Gegenstand natürlich um so kleiner ab, je weiter er von uns entfernt ist, aber das Gehirn, das die Netzhautbilder in Empfindungen umsetzt, vermag ihre scheinbare Größe wirksam zu korrigieren.

Zum Studium dieser Dinge braucht man nichts weiter als seine zwei Hände. Betrachtet man die eine von ihnen bald aus nächster Nähe, bald am ausgestreckten Arm so weit vom Körper ab, wie es eben geht, so erlebt man eine der merkwürdigsten Täuschungen von der Welt. Die Hand sieht nämlich in beiden Fällen gleich groß aus, obgleich es doch gar keinem Zweifel unterliegt, daß das von ihr entworfene Netzhautbild im zweiten Falle wesentlich kleiner als im ersten ist. Wie dieses Wunder zustandekommt, erkennt man, wenn man beide Hände miteinander vergleicht, indem man die eine nahe vor sich, die andere weit ab hält und beide abwechselnd betrachtet. Solange man beide Augen offen hält, sind die Hände einander durchaus gleich, schließt man aber das eine, so hat man plötzlich zwei Hände von sehr verschiedener Größe vor sich. Die Täuschung, der wir erst unterlegen sind, hängt also offensichtlich vom Sehen mit beiden Augen ab. Hierbei konvergieren die beiden Augenachsen um so mehr, je näher der gesehene Gegenstand ist. Diese Konvergenz wird durch die zahlreichen Sinnesendigungen in den Augenmuskeln dem Gehirn mitgeteilt, das danach die Zahl bemißt, mit der, bildlich gesprochen, das Netzhautbild multipliziert werden muß.

Es bezieht sich diese Konstanz der Sehdinge keineswegs nur auf das Sehen in nächster Nähe. Eine Tapete, die wir uns zur Erhärtung dieser Behauptung jetzt ein wenig genauer ansehen wollen, wird meist recht wenig beachtet. Sie ist sogar ein Musterbeispiel für das, was man nicht sieht, obgleich es einem täglich vor Augen steht. Viele Menschen sind nicht in der Lage, die Farbe oder das Muster ihrer Zimmertapete anzugeben, obgleich sie seit Jahren in diesem Raume wohnen. Wer einmal aber für längere Zeit ans Bett gefesselt ist, der kommt allmählich dennoch zu einem etwas intimeren Verhältnis zu seiner Tapete. Erst zählt er die Ornamente der Quere und der Länge nach, addiert sie und dividiert sie, und wenn er mit diesen mathematischen Übungen ins Reine gekommen ist, dann erkennt er wohl auch, daß der Tapete unschätzbare wissenschaftliche Qualitäten innewohnen. Hierzu gehört eben gerade dies, daß sie einem das gleiche Muster in den verschiedensten Beleuchtungen und Entfernungen einladend zur vergleichenden Betrachtung vor Augen führt.

Ich kann also zunächst mit Befriedigung meine an der Hand gemachten Beobachtungen bestätigen: Das Hauptornament, drei schöne Rosen von Blättern umgeben, erscheint meinem Auge gleich groß, ob ich es nun aus einem oder aus zwei Meter Abstand betrachte. Ich kann aber noch ein wenig weiter gehen. Ich stelle meine beiden Augen scharf auf meinen rechten Daumen ein und halte ihn hierbei so, daß unmittelbar neben ihm an der zwei Meter entfernten Wand das bewußte Ornament sichtbar wird. Dem auf die Nähe eingestellten Auge schrumpft dann der prächtige Blumenstrauß zu einem recht unscheinbaren Gebilde zusammen. Die Konstanz der Sehdinge wird also in diesem Falle durch das Entfernungsmessen sichergestellt. Diese Erscheinung verschwindet aber naturgemäß, wenn die Entfernung ein gewisses Maß überschreitet. Ein jeder weiß, daß wir bei einer Baumallee, die sich in der Ferne verliert, nicht alle Bäume gleich groß sehen, auch wenn sie es in Wirklichkeit sind, die ferneren erscheinen uns kleiner. Während also beim Nahsehen Täuschungen durch die Konstanz der Sehdinge vermieden werden, sind wir beim Fernsehen den größten Täuschungen ausgesetzt. Der Erwachsene ist sich dessen meist nicht bewußt, aber als Kind muß man ein großes Maß von Erfahrungen sammeln, bis man begriffen hat, daß der Mann, der hundert Meter entfernt über die Straße geht, nicht ein ganz kleines Männchen aus dem Lande der Zwerge ist, sondern ein Mann von normalen Dimensionen.

4. Vom Hören

Wer sich der drückenden Last des Alltages, der ständigen Hast, dem unerträglichen Lärm der Großstadt entziehen will, die mit tausend Dissonanzen fortwährend unser Ohr beleidigt, der kann nichts Besseres tun, als daß er sich den Rucksack umhängt und für einige Zeit mit Herz und Sinnen der Natur ergibt. Ob er dabei die Einsamkeit der Berge aufsucht, den tiefen grünen Wald oder die Heide, dies ist einerlei. Ein Labsal wird ihm überall begegnen, die Stille, die es erlaubt, dem eigenen Atem zu lauschen.

Daß die Natur an sich lautlos und still ist, hieran ändert auch die Tatsache nichts, daß es auch in einer menschenleeren Gegend gelegentlich nicht an gewissen Geräuschen und Lauten fehlt: Der Wind, der mit den Wipfeln der Bäume spielt, der plätschernde

Bach oder die Brandung des Meeres sind uns allen vertraute Gesellen, aber sie sind nur gelegentliche oder örtlich bedingte Ereignisse. Wer an einem windstillen Sommerabend am Waldesrande sitzt, wird gar nichts von ihnen vernehmen, und die unendliche Stille der Natur wird nur hin und wieder unterbrochen werden durch den Ruf eines Fasans, einen schreckenden Rehbock, den scharfen Schrei eines Raubvogels oder das feine Zirpen der Grillen im Wiesengrunde.

Den Menschen beeindruckt von allen Geräuschen, die man in Gottes freier Natur hören kann, am meisten die gewaltige Sprache der Elemente: Der Wind, das Rauschen des Wassers oder der Donner wirken aufs stärkste auf unser Gemüt ein. Bei den Tieren, die weniger sentimental veranlagt sind und ihren Blick stets nur auf das Nützliche richten, ist die Wertung der Geräusche eine völlig andere. Man kann wohl den Satz aufstellen, daß ihnen allen ausnahmslos die elementaren Geräusche ganz und gar gleichgültig sind, nur die Laute und Töne werden vom Tier als des Interesses wert gefunden, die von Tieren selbst erzeugt werden: Die Stimme oder das Geräusch der Schritte.

Tierstimme und Hörfähigkeit gehören also im allgemeinen zueinander, das eine ist um des anderen Willen da.

Gesang und Liebe. Es ist dies freilich nicht so zu verstehen, als ob die Tiere untereinander alle die gleiche Sprache führten, wie wir dies im Märchenbuche unserer Kinder lesen. Jede Art ist gleichsam nur für sich selbst auf der Welt, und jegliches Getier fühlt sich nur oder doch hauptsächlich von den Lauten angezogen, die seine eigenen Artgenossen hervorbringen. Hier aber, im engsten biologischen Kreise, begegnen wir noch einer weiteren Bindung. Die Stimme ist ursprünglich keineswegs zur allgemeinen Verständigung unter den Artgenossen bestimmt, sondern dient nur einem einzigen Lebenszweck: Das weibliche Tier zu betören und in den Liebesbann des Männchens zu bringen. Die Sprache der Liebe ist also sie erste Sprache in der Welt gewesen, und das erste Ohr der Welt war nur geschaffen, um das Liebesquarren oder Zirpen eines abenteuersüchtigen Freiers zu hören. Von diesem intimsten Anfange aus hat sich das Ohr der höheren Tiere und der Menschen ein immer weiteres Gebiet erobert, und Hand in Hand damit ist die Stimme ein immer vielseitigeres Mittel der

Verständigung geworden. Dies geht so weit, daß wir Menschen
trotz Caruso und Schaljapin gar nichts mehr wissen von der ur-
sprünglichen Bedeutung dieser Dinge und uns von den Grillen und
Fröschen belehren lassen müssen.

Frosch, Grille, Heuschrecke und Zikade zeigen uns das Problem
in der einfachsten Form. Zunächst ist bei ihnen und ihren Verwandten leicht festzustellen, daß meist nur die Männchen über die
Gabe des Gesanges verfügen. Dies wußte schon der sehr unga-
lante griechische Dichter Aristophanes, der Schöpfer des bekannten
Verses: „Glücklich leben die Zikaden, denn sie haben stumme
Weiber". Die Weibchen sind stumme, aber interessierte Zuhörer.
Erschallen die Laute der männlichen Sirenen, so verlassen sie,
einem unwiderstehlichen Zwange folgend, ihre Schlupfwinkel und
eilen dem Männchen zu, derart, daß sich mitunter ein ganzer Kreis
liebenswerter Anbeterinnen um den einen Sänger schart. So eng
bei diesen Tieren die Bindung des Hörsinnes und der Stimmentfaltung an das Liebesleben ist, so gibt es doch schon bei ihnen
eine Lockerung dieses Gefüges. Der auffallende Wettgesang der
Männchen untereinander erfolgt zwar nur zur Zeit der Werbung,
hat aber direkt nichts mit ihr zu tun. Wozu dient er? Ist es die
Freude an den selbsterzeugten Tönen oder die Lust zum Wettstreit?
Hierauf ist die Wissenschaft fürs erste die Antwort schuldig
geblieben.

Bei den höheren Wirbeltieren können wir schrittweise die Loslösung der Stimme und des Gehörs vom Liebesleben verfolgen.
Wir dürfen dabei allerdings erst bei den Vögeln anfangen, denn
die nächsten Verwandten der Frösche, die Kriechtiere (Schlangen,
Eidechsen, Schildkröten) haben durch ein merkwürdiges Ge-
schick beides miteinander wieder verloren. Die meisten von
ihnen sind praktisch stumm und taub zugleich. Am weitesten
haben es in dieser Vernachlässigung des Gehörsinns die Schlangen
und Schildkröten gebracht. Die Schlangen sind vollständig taub.
Daß die indischen Schlangenbeschwörer mit Musikinstrumenten
arbeiten, ist ein Schwindel, der auf die Zuschauer berechnet ist.
Auch die Schildkröten lassen sich durch kein Geräusch und keinen
Ton der Welt aus ihrer Ruhe schrecken, und die Wissenschaft hat
unsägliche Mühe und Geduld darauf verwenden müssen, bis es
ihr gelang, auch diese Tiere durch Dressur zur Aufgabe ihrer

„passiven Resistenz" zu bringen und sie zu zwingen, durch Bewegungen zu verraten, daß sie immerhin etwas hören, wenn sie nur wollen. Einen gut entwickelten Gehörsinn haben nur die Krokodile, die zur Brunftzeit auch brüllen.

Bei den Vögeln steht der Balzgesang natürlich im Vordergrund, und auch bei ihnen gibt es daher viele im weiblichen Geschlechte nicht singende Arten. Schon mancher, der einen Kanarienhahn zu kaufen glaubte, der sich zu Hause als gesangunkundiges Weibchen entpuppte, hat dies zu seinem Leidwesen erfahren. Daneben wächst der Gebrauch der Stimme, besonders bei den geselligen Arten, sehr in die Breite.

Die Säugetiere stehen am Ende der ganzen Reihe. Es ist zwar auch noch bei ihnen hie und da eine enge Bindung des Stimmgebrauchs an das Sexualleben festzustellen, wie wir dies vom Brunftschrei des Hirsches wissen, aber schon hier hat sich der Schwerpunkt wesentlich verschoben: Die Stimmentfaltung dient in erster Linie der Herausforderung des Gegners. Auch das entsetzliche Geschrei der verliebten Katzen ist kaum als betörender Liebesgesang aufzufassen, da sich beide Partner an diesem Konzert beteiligen. Bei den meisten Säugetieren ist eine gänzliche Loslösung der Stimme vom Liebesleben eingetreten. Sehr viele von ihnen sind praktisch stumm und lassen wie Hase und Kaninchen nur in der Todesangst einen kläglichen Schrei vernehmen, andere, die zu Scharen vereint ein geselliges Leben führen, brauchen ihre Stimme zur Warnung der Artgenossen bei herannahender Gefahr. So machen es die wachsamen Murmeltiere und ihre Verwandten der Steppe, die Pfeifhasen. Wieder andere, wie der Löwe, benutzen ihre Stimmkraft, um ihre Beutetiere zu regelloser Flucht zu veranlassen. Außerdem ist bei sehr vielen Säugetieren die Stimme der Ausdruck innerer Erregung und dient, wie das markerschütternde Knurren der großen Raubtiere, vielleicht gleichzeitig der Einschüchterung des Gegners.

Überschauen wir noch einmal das ganze Heer der hörfähigen Tiere, so können wir konstatieren, daß der Gehörsinn biologisch genau den umgekehrten Weg gegangen ist wie der Lichtsinn. Dort sahen wir, daß anfangs nur das kosmische Licht der Sonne und des Himmels als Reiz auftrat, ganz allmählich kamen dann die Gegenstände mit ihrem reflektierten Licht hinzu, und erst am

Ende der ganzen langen Reihe entwickelte sich die Fähigkeit des echten Formensehens, die es erlaubt, Artgenossen oder einzelne Individuen als solche zu erkennen. Hier beim Hörsinn steht am Anfang die engste biologische Begrenzung, die sich, allmählich ausweitend, endlich dazu führt, daß der Gehörsinn des Menschen alles als Reiz benutzt, was es an Tönen und Geräuschen überhaupt auf dieser Erde gibt.

Von den Gehörorganen. Die Tatsache, daß der Gehörsinn im ursprünglichsten Falle nur zur Beachtung der Liebestöne eines Freiers geschaffen ist, macht es verständlich, daß er sich nur dort entwickeln konnte, wo sich die Möglichkeit zur eigenen Lautproduktion ergab. Von ganz wenigen noch kaum erforschten Ausnahmen abgesehen, gilt dies nur für zwei Tiergruppen: die Insekten und die landlebenden Wirbeltiere. Beide Male besteht eine merkwürdige Beziehung zur Atmung, und zwar ist bei den Wirbeltieren die Fähigkeit der Lauterzeugung, bei den Insekten die des Hörens an den Atmungsvorgang gebunden. Es erklärt sich dies folgendermaßen: Die Stimme eines Frosches, eines Vogels oder unsere eigene Stimme kommt so zustande, daß Luft mit einer gewissen Kraft aus der Lunge ausgepreßt wird; sie streicht im Kehlkopf an den hierfür besonders konstruierten Stimmbändern vorbei und versetzt sie in Schwingungen. Auf diese Art können auch Stimmäußerungen bei sonst völlig stummen Tieren gelegentlich zustande kommen. So lassen gestrandete Walfische, die am Ufer liegend durch die Schwere ihres eigenen Körpers am Atmen verhindert sind und langsam ersticken, beim Versuch, ihre Lungen zu ventilieren, ein weit hörbares Stöhnen erschallen. Die gesangeskundigen Insekten erzeugen ihre Laute, indem sie ihre harten Flügel aneinander reiben oder die Hinterbeine mit ihren Schrilleisten an den Flügeln. Daß sie aber hören können, hängt ganz wesentlich damit zusammen, daß sie durch Tracheen atmen. Der ganze Körper eines Insekts ist in allen seinen Teilen von luftführenden Röhren, den Tracheen, durchzogen. Sie erweitern sich an manchen Stellen zu geräumigen Luftblasen, und diese Blasen ermöglichen erst die Konstruktion eines Trommelfells, worüber uns das beigefügte Bild belehrt. Ein solches Trommelfell ist überall dort vorhanden, wo ein echter Gehörsinn sich entwickelt hat. Es stellt im wesentlichen nichts anderes dar als eine Telephonmembrane und hat daher die Aufgabe, vom Schall in Schwingungen versetzt zu werden.

Das Gehörorgan kann im einfachsten Falle so gebaut sein, daß die Hörzellen unmittelbar am Trommelfell festgewachsen sind (Abb. 32). Sie werden dann natürlich hin und her gezerrt, sobald das Trommelfell in Schwingungen gerät. Das „Ohr“ der Feldheuschrecke ist von dieser Art, ebenso die Gehörorgane der Zikaden und der Schmetterlinge. Bei den Laubheuschrecken und den Wirbeltieren hat die Schalleitung eine ganz wesentliche Komplizierung erfahren. Das Trommelfell schwingt hier ganz für sich,

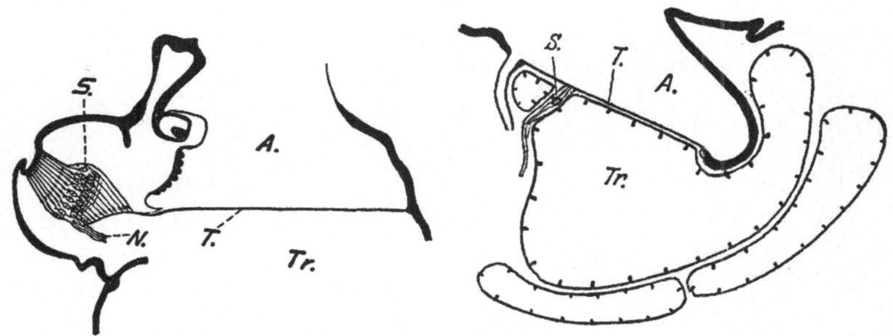

Abb. 32. Schnitt durch das Gehörorgan, links einer Singzikade, rechts eines Heupferdes. *S.* Sinneszellen, *T.* Trommelfell, *Tr.* Tracheenblase, *A.* Außenluft, *N.* Nerv.

ohne irgendeine Beziehung zu den Sinneszellen zu haben. Viel tiefer im inneren Ohr findet sich dann eine zweite Membran, die die Schwingungen der ersten auffängt. Ihr sind die Hörsinneszellen aufgewachsen. Ohne Zweifel stellt diese Komplizierung eine technische Verbesserung dar. Das äußere Trommelfell kann, besonders wo es direkt in der äußeren Haut liegt, wie bei den Fröschen oder den Feldheuschrecken, sehr leicht auf andere mechanische Art, ohne Schall, durch Druck oder Stoß erregt werden. Sind die Hörzellen unmittelbar an ihm befestigt, so muß dann eine „Hörstörung“ die Folge sein. Liegen die Sinneszellen aber erst der inneren Membran auf, so können nur wirkliche Schallschwingungen zu ihr gelangen, die vom Trommelfell weitergegeben werden, alle Stöße und Püffe werden von diesem selbst abgefangen. Es ist leicht zu erkennen, wo sich diese eigentliche akustische Membran bei den Laubheuschrecken befindet. Auf einem Querschnitt durch ein Gehörorgan, das bei diesen Tieren absonderlicherweise in den Vorderbeinen liegt, sehen wir sofort, daß die Hörzellen der Wand einer der großen luftführenden Tracheen aufliegen, die der Länge nach durch das Bein ziehen (Abb. 33).

Viel schwieriger liegen die Dinge bei uns selbst. Das Gehörorgan der Säugetiere und des Menschen liegt tief in der Knochenmasse des Schädels eingebettet, so verborgen, daß es recht geraume

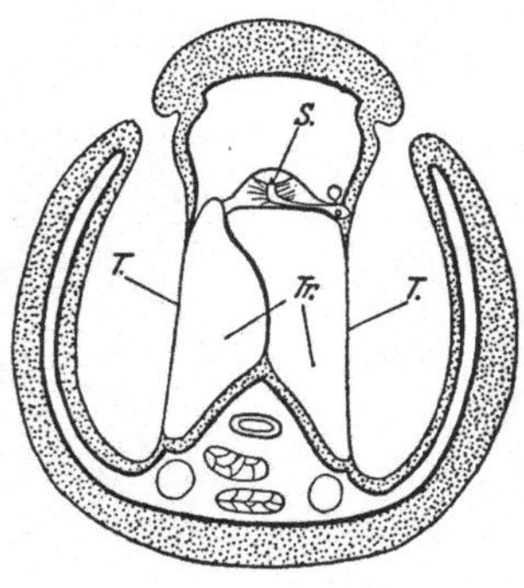

Abb. 33. Querschnitt durch das Vorderbein einer Laubheuschrecke mit Gehörorgan. *S.* Sinneszelle, *T.* Trommelfelle, *Tr.* Tracheenblasen.

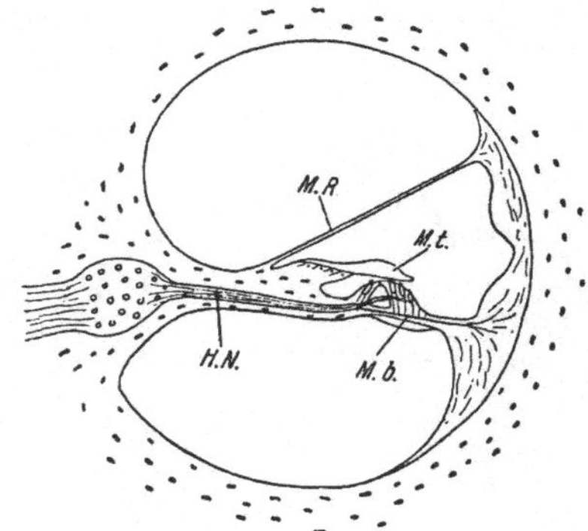

Abb. 34. Querschnitt durch die Schnecke des Menschen. *M.b.* Basilarmembran, *M.R. Reißner*sche Membran, *M.t.* Tektorische Membran, *H. N.* Hörnerv. Aus *Bütschli.*

Zeit gekostet hat, bis man es überhaupt fand. Der merkwürdige spirale Knochengang, in dem es liegt, die knöcherne Schnecke, wurde zwar schon im Jahre 1561 aufgefunden, aber dann hat es noch beinahe dreihundert Jahre gedauert, bis der bedeutende Forscher *Corti* in dieser Schnecke das eigentliche Sinnesorgan entdeckte, das später ihm zu Ehren das *Corti*sche Organ genannt wurde (Abb. 34). Auf einem Querschnitt durch die Schnecke sieht man drei große Räume, die durch zwei Membranen gegeneinander abgegrenzt werden. Die eine von ihnen, die *Reißner*sche Membran, zieht als ein hauchfeines Häutchen von einer Wand zur anderen, die zweite, die Basilarmembran, trägt das *Corti*sche Organ, das einen merkwürdigen, höchst komplizierten Aufbau von Stützzellen zeigt, die eine Art von Gewölbe bilden, und von

Sinneszellen, die in diesem Gewölbe eingefügt sind. Endlich liegt über den Sinneszellen in dichter Berührung mit den empfindlichen Sinneshaaren die sogenannte Membrana tectoria. Man hat nun die Auswahl, welcher von diesen drei Membranen man die Fähigkeit der Schallübertragung zutrauen soll. Bis vor kurzem war man meist geneigt, der Membrana basilaris den Vorrang zu geben. Erstens wegen ihrer nicht abzuleugnenden räumlichen Beziehung zu den Sinneszellen, zweitens aber wegen ihrer eigentümlichen physikalischen Beschaffenheit, die an manches erinnert, was wir bei musikalischen Instrumenten, besonders dem Klavier, zu sehen gewohnt sind. Wenn man diese Membran ausbreitet, so erkennt man nämlich, daß sie gar keine eigentliche homogene Membran ist, sie setzt sich vielmehr aus einer großen Zahl (etwa 20000) straffer Fasern zusammen, die parallel zueinander in querer Richtung die Schnecke durchziehen. Sie sind voneinander nicht völlig unabhängig, sondern durch ein Geflecht allerfeinster Fäserchen miteinander verwoben. Das Interessanteste ist aber, daß diese Fasern nicht alle die gleiche Länge besitzen, sie nehmen von der Basis der Schnecke nach der Spitze hin in gesetzmäßiger Weise an Länge zu, derart, daß die längsten achtmal so lang sind wie die kürzesten von ihnen.

Nun weiß ein jeder aus der Physik, daß die Eigenschwingung eines Stabes von seiner Länge abhängt. Was liegt also näher als die Annahme, daß jede derartige Fasergruppe von bestimmter Länge dazu dient, mitzuschwingen, wenn gerade der Ton erklingt, auf welchen sie ihrer Länge nach selbst abgestimmt ist.

Dies ist die Grundlage der berühmten *Helmholtz*schen Resonanzhypothese, die für die Forschung außerordentlich fruchtbringend war und bis vor wenigen Jahren als die bestfundierte Hypothese gelten konnte. Hauptsächlich eine Fähigkeit unseres Ohres, nämlich die Analyse der Klänge kann durch keine der anderen Theorien so glatt und elegant erklärt werden wie durch sie. Man unterscheidet bekanntlich dreierlei in der Akustik: Töne, Klänge und Geräusche. Physikalisch liegt einem Tone eine Schallwelle von ganz bestimmter Frequenz zugrunde, zeichnet man sie auf, so erhält man eine sehr regelmäßige, sogenannte Sinuskurve. Die graphische Aufzeichnung eines Klanges ergibt zwar auch ein durchaus periodisches Bild, aber die Einzelschwingung weicht von

der Form der Sinuskurve mehr oder weniger ab. Die Mathematik
hat es bewiesen und die Physik experimentell bestätigt, daß jeder
Klang aus einer Reihe von Einzeltönen zusammengesetzt ist, man
kann ihn analysieren und in seine Bestandteile säuberlich zerlegen
(Abb. 35). Der Physiker macht dies mit Hilfe der sogenannten
Resonanz. Er stellt fest, welche Resonatoren, d. h. abgestimmte
Hohlkörper, die nur auf ihren Eigenton ansprechen, beim Ertönen des Klanges mitschwingen. Nun ist das Merkwürdige,
daß unser Ohr diese Leistung des Physikers auch vermag. Der

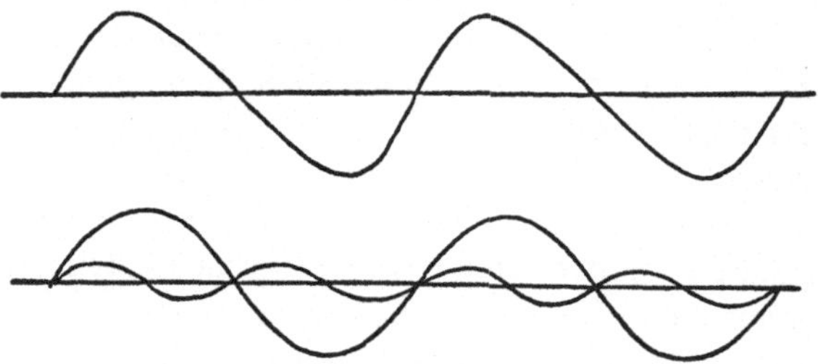

Abb. 35. Analyse eines aus Ton und Oberton sich zusammensetzenden
Klanges. Nach *Bunge*.

Mensch ist sehr wohl imstande, aus einem Akkorde die einzelnen Töne herauszuhören, Grundtöne und Obertöne zu unterscheiden usw.

Obwohl dies alles sehr für die *Helmholtz*sche Resonanzhypothese
zu sprechen scheint, haben sich doch einige Widersprüche zu ihr
ergeben. Aus der vergleichenden Physiologie kann angeführt
werden, daß der Papagei, der wahrscheinlich genau so gut hört
wie ein Mensch, auf seiner Basilarmembran nur 1200 Fasern hat
gegen 24000 beim Menschen. Die Fische haben überhaupt keine
Basilarmembran und sind trotzdem in der Lage, einen Klang zu
analysieren. Wichtiger als diese Einwände sind aber neue Experimente am Menschenohr. Sie haben gezeigt, daß die „Einorts-
Theorie" zwar richtig ist, d. h. bei einem bestimmten Ton gerät
nur eine bestimmte Stelle der Membran in Schwingungen. Es beruht dies aber nicht auf einem Abgestimmtsein der einzelnen Fasern,
sondern auf dem Auftreten stehender Wellen im Innenohr, an
denen besonders die *Reißner*sche Membran beteiligt ist. Diese Wellen
zeigen in ihrem Verlauf eine deutliche Frequenzabhängigkeit. Je

88

höher die Frequenz ist, um so näher liegt das Maximum der stehenden Welle am ovalen Fenster. Abb. 36 zeigt dies aufs deutlichste.

Der Gehörsinn der Fledermäuse. In neuerer Zeit hat der Gehörsinn dreier Tiergruppen in besonderem Maße das Interesse der Forscher erregt, es sind dies die Fledermäuse, die Schmetterlinge und die Fische. Der Gehörsinn der Fledermäuse ist an sich ein altes Kapitel. Schon der große italienische Forscher *Spallanzani* (um 1800) beobachtete, daß geblendete Fledermäuse in der geschicktesten Weise imstande sind, gespannten Drähten und anderen Hindernissen im Fluge auszuweichen. Sein Freund *Jurine* in Genf

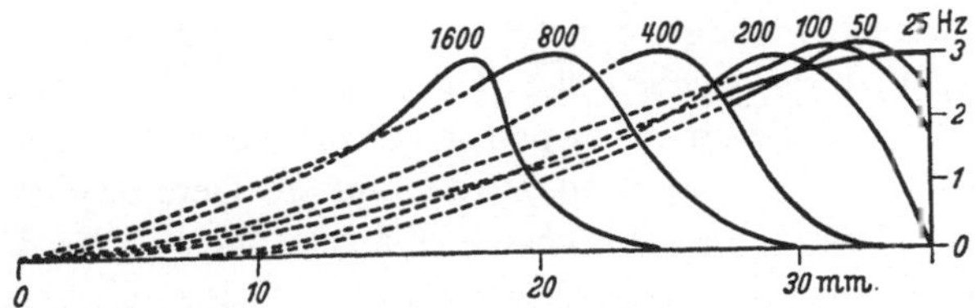

Abb. 36. Die Lage der Schwingungsamplitude der Schneckentrennwand für sinusförmige Schwingungen verschiedener Frequenz. Nach *von Békésy.*

erkannte, daß Verstopfung der Ohren die Flugsicherheit sehr behindert und schloß hieraus ganz richtig, daß die Hinderniswahrnehmung durch den Gehörsinn erfolgte. Diese Erkenntnis ging jedoch in der Folgezeit wieder verloren. Erst in den letzten zehn Jahren ist dieses Problem von neuem aufgenommen und gelöst worden.

Die Fledermäuse sind sehr moderne Techniker, sie arbeiten nach dem Prinzip des Echolots, das der Mensch erst vor 10 Jahren ersann. Während sie fliegen und besonders, wenn sie sich zum Fluge anschicken, senden sie mit ihrem Kehlkopf schnelle rhythmische Stöße von Ultraschall aus, der eine so hohe Frequenz besitzt, daß wir ihn gar nicht hören (40000 bis 80000 Hz). Die Ultraschallwellen sind nur einige Millimeter lang und daher vorzüglich geeignet, selbst von kleinen Gegenständen reflektiert zu werden. Auf diese reflektierten Schallwellen, die sie mit ihren großen Ohren auffängt, reagiert die Fledermaus und bringt es dabei zu erstaunlichen Leistungen. Sie lokalisiert genau die Lage eines Mehlwurms, den man ihr mit der Pinzette vorhält, sie ist imstande, jeden Ritz in der Wand festzustellen, in dem sie sich

festkrallen kann, sie kann eine Samtfläche und eine Papierfläche
unterscheiden. Kurz und gut, sie leistet mit ihren Ohren fast das
gleiche wie wir mit unseren Augen.

Der Gehörsinn der Schmetterlinge ist in einer wunderbaren Weise
mit dem der Fledermäuse verknüpft. Er war der Forschung für
lange Zeit deswegen ein Rätsel, weil die Schmetterlinge fast ohne
Ausnahme stumm sind, so daß ihr Hörvermögen unmöglich im
Dienste des Liebeslebens stehen konnte. Unerklärbar war es auch,
weshalb nur gewisse Nachtfalter Gehörorgane haben, während sie
den Tagfaltern durchweg fehlen.

Heute wissen wir, daß die Natur diesen Nachtfaltern in ihrem
Gehörsinn ein wichtiges Schutzmittel gegen ihre größten Feinde,
die Fledermäuse, gegeben hat. Die winzigen Gehörorgane der
Schmetterlinge sind nämlich gerade auf die Tonhöhe eingestellt,
welche die Fledermäuse produzieren, und die Tiere reagieren auf
diese Schallwellen in sehr charakteristische Weise. Werden sie
beim Fluge vom Ultraschall getroffen, so schlagen sie entweder
wie der Hase einen Haken oder sie stürzen in rasantem Fluge zu
Boden und verstecken sich irgendwo. Überrascht sie der Ton, wenn
sie gerade abfliegen wollen, so geben sie den Flug auf und begeben
sich wieder in die Ruhestellung.

Der Gehörsinn der Fische. Schon die Alten haben sich mit ihm
beschäftigt. So berichtet Plinius, daß der dicke Marcus Crassus,
der eine Zeitlang mit Pompejus und Caesar als Triumvir das Rö-
mische Weltreich regierte, eine zahme Muräne besaß, die auf den
Ruf ihres Herrn herbeischwamm und aus seiner Hand fraß.
Derartige Berichte, denen natürlich keine wissenschaftliche Be-
weiskraft zukommt, fehlen auch nicht aus der neueren Zeit. Sehr
berühmt ist die Entlarvung der hörenden Fische des Klosters zu
Kremsmünster. Es ging ihnen der Ruf voraus, daß sie auf das
Läuten einer Glocke zum Futterplatze kämen, aber ein bekannter
Wiener Forscher zeigte, daß sie gar nicht auf das Läuten achten,
wenn man es nur vermeidet, daß sie den Mann, der am Stricke
zieht, sehen oder seinen Schritt wahrnehmen. Nachdem der Ruhm
dieser Wundertiere dahingewelkt war, zeigte *du Bois-Reymond,* daß
manche Fische selbst auf allerstärkste Töne, die unserem Ohr
geradezu weh tun, nicht im mindesten ansprechen. Er konstruierte
ein Musikinstrument besonderer Art: eine große halbmeterbreite

Stahlplatte wurde durch einen Elektromagneten in Schwingungen versetzt, so daß sie einen entsetzlichen Quietschlaut von sich gab, den man weit in der Runde hörte. Sie wurde in das Wasser versenkt und beobachtet, wie sich die Fische in ihrer Nähe benahmen. Die Art der Beobachtung wäre nun freilich nicht jedermanns Sache gewesen. Der Forscher mußte nämlich selbst in das kühle Naß tauchen und, die Platte umschwimmend, zugleich auf die Fische achten. Dabei fand er zweierlei: Erstens, daß er selbst das Tönen der Platte kaum aushielt, und zweitens, daß sich die Fische gar nichts daraus machten.

So spricht, von dieser Seite betrachtet, eigentlich alles dafür, daß die Fische in ihrem normalen Freileben in keiner Weise auf Töne und Geräusche achten. Nach dem, was wir über die biologische Bedeutung des Gehörsinns anderer primitiver Tiere erfahren haben, ist es auch von vornherein unwahrscheinlich, daß sie es tun. Die allermeisten Fische sind eben stumm, sie können also den anderen ihrer Sippe weder ihre Liebe noch irgend welche anderen Gefühle „sprachlich" ausdrücken, wozu sollen sie auf Laute achten? Trotz aller dieser Erfahrungen, die gegen einen Hörsinn der Fische sprachen, ist die Forschung letzten Endes doch zu einem anderen Standpunkt gekommen. Heute wissen wir, daß die Fische sogar einen recht respektablen Gehörsinn besitzen.

Die Lösung des Rätsels hat hier wie in vielen anderen Fällen, das exakte Dressurexperiment gebracht. Man könnte nun sagen, daß der alte Crassus und die Mönche von Kremsmünster die Fische ja auch schon dressiert hätten. Aber zwischen diesen alten unkritischen Versuchen und der modernen Experimentierkunst ist ein himmelweiter Unterschied. Es könnte auch eingewendet werden, daß *du Bois-Reymond* ja einwandfrei bewiesen habe, daß die Fische auf keine Töne reagieren. Aber es ist eben ein großer Unterschied zwischen einem planlos gesetzten Reiz, der dem Tiere nichts sagt, und einem Dressurreiz. Bei diesem wird das Tier in wochenlangen Vorversuchen daran gewöhnt, daß es nur dann sein Futter bekommt, wenn ein bestimmter Ton erschallt. Durch diese Verbindung mit dem Fressen wird dem Fisch der sonst gleichgültige Ton sympathisch, er bekommt einen Inhalt, einen Wert, und so achtet er auf ihn. Die Dressurversuche haben nun, planmäßig durchgeführt, ergeben, was anfangs keiner erwartet hatte. Die Fische können im Wasser fast ebenso gut hören wie der Mensch. Die Fische verfügen über ein absolutes Tongehör, sie haben eine gute Unterscheidungsfähigkeit für geringe Intervalle und sind auch imstande, aus einem Klang einen bestimmten Ton herauszuhören (Klanganalyse). Überlegen sind wir den Fischen eigentlich nur in einem Punkte, nämlich in der Lokalisation eines Schalles. Diese Fähigkeit ist bei den Fischen sehr schlecht ausgebildet.

Sehr merkwürdige Dinge haben sich bei der Erforschung des Gehörorganes der Fische ergeben. Ein Organ, das unserem in der

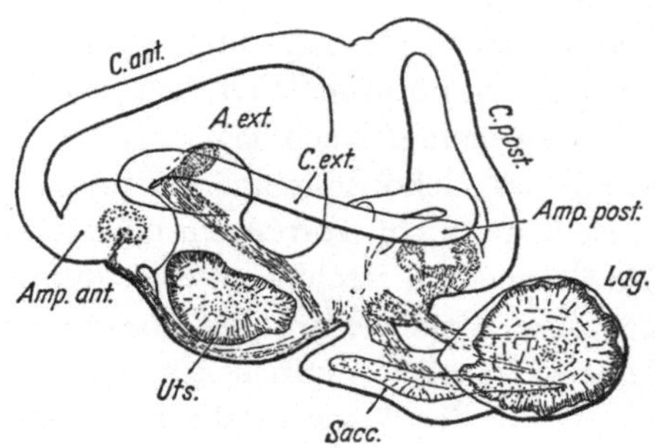

Abb. 37. Rechtes Labyrinth der Elritze von innen gesehen. Amp. ant. A. ext. und Amp. post. die 3 Ampullen, C. ant. C. ext. und C. post. die drei Bogengänge. Uts. Utriculus, Sacc. Sacculus. Lag. Lagena. Nach *v. Frisch.*

Schnecke gelegenen *Corti*schen Organ entspräche, haben die Fische nicht. Aber es hat sich gezeigt, daß der Sacculus, derjenige Teil des Labyrinths, von dem bei uns die Schnecke ihren Ausgang nimmt, sich zum Gehörorgan der Fische entwickelt hat. Bei manchen Fischen sind der Gleichgewicht- und Gehörteil des Labyrinths (Utriculus und Sacculus) so weit voneinander geschieden, daß man sie getrennt operieren kann. Fische ohne Utriculus torkeln beim Schwimmen ungeschickt umher, aber von ihrem Vermögen, sich auf Töne dressieren zu lassen, haben sie nichts eingebüßt. Fische ohne Sacculus schwimmen dagegen im normalen Gleichgewicht, aber mit dem Hören ist es aus. Also ist der Sacculus und die ihm ansitzende Lagena das Gehörorgan der Fische.

Ein gutes Hörvermögen ist heute für zahlreiche Fischarten aus vielen verschiedenen Familien festgestellt worden. Unter diesen zeichnet sich aber eine Gruppe besonders aus, nämlich die

Ostariophysen; zu dieser gehören vor allem die karpfenartigen Fische sowie die Welse. Bei den Ostariophysen ist in höchst merkwürdiger Weise die Schwimmblase in den Dienst des Gehörs gestellt. Sie ist durch das sogenannte *Weber*sche Organ mit dem Sacculus verbunden. Dasselbe besteht aus drei hintereinandergeschalteten Knöchelchen, von denen das hinterste und größte, der Malleus, an die Schwimmblase stößt, während das vorderste und kleinste, der Stapes, an einer kanalartigen Aussackung des Sacculus endet. Die Schallwelle durchdringt den ganzen Fischkörper und setzt die Luft der Schwimmblase in Schwingungen. Diese Schwingungen werden durch die *Weber*schen Knöchelchen auf die Flüssigkeit des Sacculus übertragen. Entfernung der Schwimmblase führt bei solchen Fischen zu einer erheblichen Verminderung der Hörschärfe.

5. Vom Riechen und Schmecken

Es gibt unendlich viele Tiere, die nicht hören können und, besonders unter den niederen, eine recht große Zahl, für welche das Licht keinen Reiz bedeutet. Aber es gibt kein einziges Tier auf der ganzen Welt, das nicht für bestimmte chemische Reize empfänglich wäre. Der chemische Sinn kann also eine Universalität für sich beanspruchen. Es hängt dies damit zusammen, daß man zum Fressen einiger chemischer Kenntnisse bedarf. Auch das allerniederste Tier, etwa eine Amöbe, die auf dem Grund eines Tümpels träge umherkriecht, muß schließlich imstande sein, ein Sandkorn von einer Alge oder einem anderen genießbaren Lebewesen zu unterscheiden, sonst würde sie elendiglich verhungern.

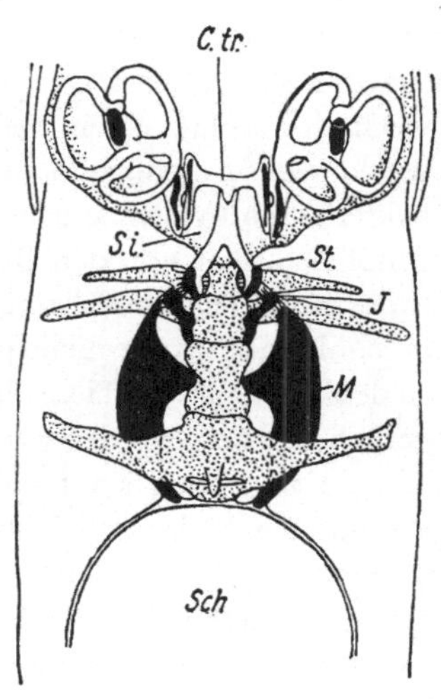

Abb. 38. Ostariophyse. Verbindung zwischen Schwimmblase und Labyrinth durch die *Weber*schen Knöchelchen (schwarz). *M* Malleus, *J* Incus, *St.* Stapes, *S. i.* Sinus impar, *C. tr.* Canalis transversus, *Sch* Schwimmblase. Nach *v. Frisch* 1936.

Der chemische Sinn ist aber keineswegs nur dazu da, daß die Tiere Genießbares und Ungenießbares unterscheiden können. Seine Ziele sind sehr viel weiter gesteckt. Das Leben auf der Erde tritt uns in einer beinahe unübersehbaren Menge verschiedener Arten entgegen. Tiere, Pflanzen, Bakterien, so viele ihrer sind, soviel Artgerüche gibt es auch. Wir wissen dies selbst am besten von den Pflanzen, deren Blüten, Blätter und Früchte sehr oft einen durchaus charakteristischen Geruch entfalten. Die Bakterien besitzen wohl keinen Eigengeruch, daß sie aber durch ihre Stoffwechselprodukte einen meist recht intensiven Duft erzeugen, wissen wir in genügendem Maße vom Käse, von den Fäulnisbakterien und vielen anderen. Auch der Geruch der heimatlichen Scholle stammt von den Bakterien, die in ihr hausen. Und was endlich die Tiere anbelangt, so brauchen wir bei dieser hier angeschnittenen Frage nicht gerade an das Stinktier oder den Iltis zu denken. Auch die Tiere, die für uns selbst keinen deutlichen Artgeruch besitzen, werden von ihren Artgenossen und von anderen Tieren, zu denen sie biologische Beziehungen haben, in den allermeisten Fällen mit Sicherheit am Geruch erkannt oder, wie man sagt, gewittert. Wir sehen also, daß neben dem Geschmacksvermögen das sogenannte Witterungsvermögen eine zweite grundwichtige Leistung des chemischen Sinnes darstellt. Bei zwei besonders hoch entwickelten Tierklassen, den Wirbeltieren und den Insekten, kann man diese beiden Vermögen vollkommen voneinander trennen und verschiedenen Sinnen zuordnen: dem Geschmackssinn und dem Geruchssinn. Wir riechen mit der Nase und schmecken mit der Zunge. Der Riechnerv, der von der Nase ausgeht, mündet bei sämtlichen Wirbeltieren als vorderster aller Hirnnerven in das Zentralnervensystem ein, während erst der siebente und der neunte Hirnnerv die Aufgabe haben, die Geschmacksreize der Zunge dem Gehirn zuzuleiten (Abb. 39). Was uns in dieser sehr klaren Weise die Anatomie lehrt, bestätigt das physiologische Experiment. Es ist leicht, einem Fisch das ganze Vorderhirn abzutragen. Riechen kann er dann nicht mehr, aber trotzdem läßt er sich vorzüglich auf Geschmacksstoffe dressieren.

Bei den Insekten liegen die Dinge ähnlich. Die Biene riecht mit ihren langen Fühlern, aber sie schmeckt mit Hilfe ihrer Mundwerkzeuge. Auch bei ihr kann man daher durch Abschneiden der

Fühler beide räumlich gesonderten Sinne voneinander trennen. Bei
allen anderen Tieren, Würmern, Schnecken, Muscheln und wie sie
alle heißen, ist es dagegen noch niemandem gelungen, ein derartiges
Experiment auszuführen. Die Krebse z. B. riechen auch mit ihren
Fühlern; wenn man aber diese Riechfühler abschneidet, ist der Krebs
noch immer fähig, seine Nahrung zu wittern. Dies liegt daran, daß
er außer an den Fühlern auch noch an anderen Körperstellen, z. B.
am Munde, vielleicht auch im Kiemenraum, Riechzellen besitzt.

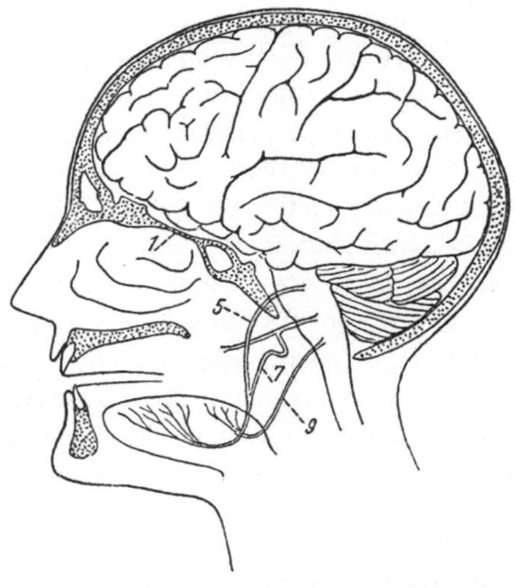

Abb. 39. Schematischer Medianschnitt durch Menschenkopf. 1 Ein-
trittsstelle der Riechnerven, 5, 7, 9 Nerven, die zur Zunge ziehen.

Aus diesen und ähnlichen Befunden hat nun die strenge Wissenschaft einen sehr merkwürdigen Schluß gezogen: Es wird nämlich
allenthalben gelehrt, daß alle diese Tiere nur einen einzigen unteil-
baren chemischen Sinn besitzen sollen!

Ist das berechtigt? Meiner Ansicht nach kaum! Man kann viel
besser im Rahmen der Tatsachen bleiben, wenn man die Annahme
macht, daß bei diesen Tieren nur die räumliche Trennung beider
Sinne fehlt. Ihre Sinneszellen liegen dicht beieinander, die winzigen Gehirne vermögen wir nicht zu operieren, und so fehlt uns
der experimentelle Nachweis des gesonderten Vorkommens beider
Sinne, die aber dennoch sehr wohl nebeneinander existieren können.

Wir werden daher im folgenden bewußtermaßen die Annahme machen, daß überall im Tierreiche beide chemischen Sinne nebeneinander bestehen, und uns zunächst einiges vom Geruchssinn betrachten.

Die Witterung und die Liebe. Es ist eine der reizvollsten Fragen der Biologie, wie sich bei den Tieren die Hochzeiter zusammenfinden, zugleich ist sie eine der wichtigsten. Alles Leben auf der Erde wäre schon längst erloschen, wären nicht die sorgsamsten Vorkehrungen dafür getroffen, daß zur Zeit der Liebe jegliches Getier zu seinem Partner kommt. Bekanntlich haben die männlichen Tiere die Aufgabe, die weiblichen aufzusuchen, und bei sehr vielen Arten ist dies sogar ihr einziger Lebenszweck. Bei den Herdentieren, denen in diesem Zusammenhang auch der Mensch zuzurechnen ist, ist dies ja nun weiter kein Kunststück, aber das meiste von allem Getier, das auf der Erde oder im Wasser sich tummelt, wächst einsam auf und lebt einsam, und die Paarungszeit ist die einzige im ganzen Leben, in der die Lebenswege zweier Artgenossen für eine kurze Zeit sich kreuzen. Denken wir etwa an einen Schmetterling. Die Raupe hat ihr ganzes Leben in völliger Einsamkeit auf ihrer Nährpflanze zugebracht und sich um nichts anderes gekümmert als darum, sich recht vollzufressen; zur Verpuppung ist sie dann irgendwo in die Erde gekrochen, noch einsamer denn zuvor. Wenn dann im Frühjahr der männliche Falter die Puppenhülle sprengt, ist ihm sofort die Aufgabe gestellt, ein Weibchen seiner Art aufzusuchen und sich mit ihm zu paaren. Wie macht er das?

Gehen wir nachts in den sommerlichen Wald, so umschwirren uns bald unzählige derartige Geschöpfe. Es gibt Hunderte verschiedener Nachtschmetterlinge, dem Laien sämtlich gleich aussehend und selbst für den Fachmann oft schwer zu unterscheiden. Daß sie sich Art für Art aus diesem Getümmel herausfinden, ohne Zweifel, ohne Eheirrung, die kaum jemals vorkommt, verdanken sie nur ihrem unsagbar feinen Geruchssinn. Von jedem weiblichen Falter muß ein ganz feiner, nur für seine Art charakteristischer Duft ausgehen. Er ist so zart, daß wir Menschen ihn auch dann nicht wahrnehmen, wenn wir uns ein solches Tierchen dicht vor die Nase halten, und die ganze Waldesluft muß neben allen anderen Düften erfüllt sein von Hunderten derartiger Artgerüche. Trotz

dieser uns unüberwindlich scheinenden Schwierigkeiten findet
jedes liebestrunkene Männchen mit Hilfe seiner oft gewaltig
entwickelten Fühler (Abb. 40) in oft überraschend kurzer Zeit
das Ziel seiner Wünsche.

Die Sammler haben sich diese Fähigkeit der männlichen Nachtfalter zunutze gemacht. Besonders unter den Spinnern gibt es
eine ganze Reihe von Arten, deren Männchen man auf keine
andere Weise so leicht und sicher fangen kann. Man muß nur ein
frischgeschlüpftes Weibchen zur Hand haben. Man setzt
es in einen kleinen Gazekäfig und geht damit spät abends
dorthin, wo derartige Falter fliegen. Es dauert dann eine
Weile, und meist zu ganz bestimmter Zeit, etwa um 11 Uhr
oder um Mitternacht kommt der erste Freier, dem bald der
zweite oder gar eine ganze Anzahl folgen. Selbst mitten
in der Stadt am Fenster kann

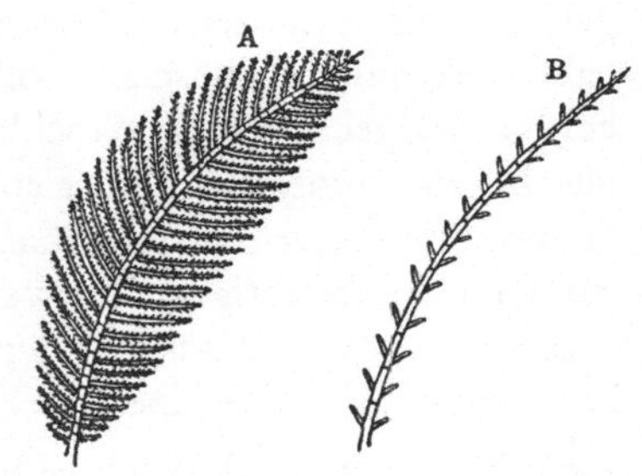

Abb. 40. Fühler *A* eines männlichen,
B eines weiblichen Nachtpfauenauges
Original.

man derartige Experimente anstellen, und mancher Sammler hat
es erlebt, daß bei häufigen Arten Dutzende männlicher Spinner
sein Zimmer bevölkerten.

Die Schmetterlinge sind nur ein Beispiel unter vielen. Es ist kaum
ein Zweifel daran möglich, daß auch die meisten anderen niederen Tiere, etwa Schnecken und Regenwürmer nur mit Hilfe ihres
Geruchs einander zur Paarung finden, wenngleich die Wissenschaft Positives hiervon noch nicht weiß. Wie sollen sie es denn
sonst machen? Sehen können sie sich nicht, und daß zwei nahverwandte Schnecken, für uns nur durch eine etwas andere
Zeichnung ihres Gehäuses unterscheidbar, etwa durch Befühlen
sollten feststellen können, ob der andere ein Artgenosse oder nur
ein Vetter ist, dies ist nahezu unvorstellbar.

Der Seeigel und die Seeigelin paaren sich überhaupt nicht. Ihr
ganzes „Liebesleben" beschränkt sich darauf, daß sie zur Zeit
der Reife ihre Ei- oder Samenmassen ins freie Meerwasser ausstoßen. Die beweglichen Samenfäden schwimmen dann umher

und vollziehen an irgendeinem der ihnen begegnenden Eier die lebensnotwendige Befruchtung. Aber auch dieser so überaus einfache Vorgang muß vom chemischen Sinn gelenkt und geleitet werden. Es würde gar keinen Sinn haben, wenn ein Männchen seinen Samen ausfließen ließe, solange keine Eier zur Stelle sind. Sie würden in ganz kurzer Zeit von den Wellen hierhin und dorthin getragen, sich völlig zerstreuen, und wenn ein paar Stunden später ein weibliches Tier seine Eier entleerte, würden sie keine Gelegenheit zur Befruchtung haben. Um dies zu vermeiden, gelangt beim Entleeren der Geschlechtszellen irgendein noch nicht näher bekannter chemischer Stoff ins Wasser, der für die benachbarten Seeigel anderen Geschlechts das Signal dazu ist, das gleiche zu besorgen. Hat also einmal einer angefangen, so kommt es zu einer Art Epidemie, ganze Wolken weißlichen Spermas und durchsichtiger Eier werden gleichzeitig und dicht beieinander ins Wasser ausgestoßen, und der Zufall hat es leicht, beide Elemente zu vereinen.

Bei den höheren Tieren, über die wir bisher geschwiegen haben liegen die Dinge vielfach etwas anders. Es unterliegt keinem Zweifel, daß bei den Vögeln der Geruch keine Bedeutung für die Sexualbiologie besitzt. Der Gesang ist hier wohl das Hauptmittel, welches die Geschlechter zusammenführt, und sie erkennen sich wohl gegenseitig am Gefieder. Aber bei der höchsten Tierklasse, den Säugetieren, tritt die Bedeutung des Geruchs wiederum scharf hervor. Es bedarf keiner allzu tiefen Gelehrsamkeit, um dies zu erkennen. Das tägliche Leben belehrt uns mit Sicherheit, daß z. B. der Hund die Hündin am Geruch erkennt. Es heißt, daß gelegentlich die Verbrecher sich diese Tatsache zunutze machen. Wenn es darauf ankommt, einen Hof zu betreten, der von einem scharfen Wächterhunde bewacht wird, sollen sie sich mit der Witterung einer Hündin versehen und dann vom Hofhunde, vor dem sie gewissermaßen maskiert erscheinen, nicht mit Zähnefletschen, sondern mit freundlichem Wedeln empfangen werden.

Freund und Feind. Ebenso wie der untrügliche chemische Sinn das Männchen zum Weibchen führt, klärt er das meiste Getier auch darüber auf, wer Feind und wer Freund ist. Natürlich setzt auch dies bei den niederen Tieren keinerlei Erfahrung voraus, sondern geschieht auf Grund altererbter Instinkte. Die Überlegenheit des chemischen Sinnes über die anderen Sinne liegt auch hier auf der Hand. Einen Feind, der einen verspeisen möchte, kann man, bevor man ausreißt, nicht gut abtasten und befühlen. Der Tastsinn ist also für diesen Dienst denkbar ungeeignet. Der Gesichtssinn ist, wie wir sahen, bei den meisten niederen Tieren viel zu schlecht entwickelt, als daß er hier etwas leisten könnte. Es bleibt also auf dem Wege des Ausschlusses eigentlich nur der chemische Sinn übrig. Seine Aufgabe ist nicht schwer. Seit Jahrmillionen hat der Seestern die Gewohnheit, Muscheln und Schnecken zu fressen, er ist ihr Erbfeind geworden, und so ist nur die Ausbildung eines Instinktes nötig, der dem Tiere die Flucht befiehlt, sobald „es" nach Seestern riecht. Wir haben einen solchen Fall bereits kennengelernt, als wir das Bewegungssehen der Pilgermuschel besprachen. In sehr raffinierter und mannigfaltiger Weise benutzen die Fische den Geruchssinn, um sich mit Freund und Feind auseinanderzusetzen. Bei schwarmbildenden Fischen, wie der Elritze, dürfte der Artgeruch dazu beitragen, den Fischschwarm zusammenzuhalten. Man kann Fische auf einen bestimmten Artgeruch dressieren. Außerdem sichert sich die Elritze durch den Geruchssinn in zweifacher Weise gegen ihre Hauptfeinde, die Raubfische. Wird eine Elritze vom Hecht gepackt, so diffundiert aus der meist verletzten Haut ein Schreckstoff, dessen Wahrnehmung sehr bald den ganzen Schwarm zur Flucht veranlaßt.

Aber auch der Hecht selbst kann am Geruch erkannt werden. Die Reaktion ist sehr charakteristisch. Sie besteht keineswegs immer in der Flucht, die dem schnellen Räuber gegenüber keine Rettung brächte, sondern sehr häufig in einer Einstellung jeder Bewegung und einem langsamen Absinken zum Grunde. Dies ist ungemein zweckmäßig, denn der Hecht als Augentier reagiert hauptsächlich auf sich bewegende Objekte.

Das Auffinden der Nahrung ist für den Kulturmenschen kein Problem. Man geht in den Laden und kauft sie oder noch besser, man setzt sich an den gedeckten Tisch, auf dem schon die dampfenden Schüsseln stehen. Aber gelegentlich kommt es doch vor, daß wir, gleichsam in den Naturzustand zurückfallend, selbständig auf die Nahrungssuche gehen. Im Walde gibt es Erdbeeren,

Blaubeeren und Pilze, und jeder von uns hat schon manch liebe Stunde seines Lebens damit verbracht, diese leckeren Dinge einzusammeln. Aber unsere Nase brauchen wir dazu keineswegs, die rote oder blaue Farbe, die aus dem Grün hervorleuchtet, weist uns den Weg.

Bei den Pilzen geht dies aber nicht immer. Die herrliche Speisetrüffel verbringt ihre Tage unter der Erde versteckt im Schatten breitkroniger Eichen. Will der Mensch Trüffeln suchen, so kann er dies nur mit der Nase tun, und da seine eigene hierzu nicht ausreicht, leiht er sie sich — — vom Schwein! Er legt also seinem Schwein ein Halsband um und geht mit ihm auf die Wiese, wo die Eichen stehen, und freut sich, wenn das Tier, seiner feinen Witterung folgend, zu wühlen beginnt. Aber gerade, wenn es eine Trüffel herausgeholt hat und sich anstellt, sie zu fressen, steckt ihm der Mensch einen Knüppel in den Rachen und die Trüffel sich selbst in die Tasche.

Hier stehen sich also die beiden Haupttypen gegenüber, die man bei der Nahrungssuche im Tierreich unterscheiden kann: das Augentier und das Nasentier. Bei den Säugetieren überwiegen die Nasentiere, zu denen außer dem Schwein der Hund, der Bär, der Igel, die Spitzmaus und tausend andere gehören. Augentiere sind eigentlich nur die Affen und die Katzen, ebenfalls sind fast sämtliche Vögel hierher zu rechnen. Auch bei den niederen Wirbeltieren finden sich beide Typen. Frosch und Hecht z. B. sind Augentiere, Molch und Aal Nasentiere. Bei den Wirbellosen tritt die Bedeutung des Geruchsvermögens um so mehr hervor, je schlechter das Auge entwickelt ist. Schon bei den Insekten sind reine Augentiere selten, es sind wohl nur die Libellen zu nennen. Bei den Krebsen, Schnecken, Würmern usw. darf man dreist behaupten, daß die Augen bei der Nahrungssuche überhaupt keine Rolle spielen.

Gänzlich isoliert stehen die Fledermäuse, die, wie wir gesehen haben, ihre Beute mit Hilfe des Gehörsinnes finden.

Von der Geruchsschärfe. Beim Studium des Geruchssinnes begegnet der Mensch einer besonders großen Schwierigkeit in seinem eigenen Unvermögen. Bei Auge und Ohr dürfen wir getrost behaupten, daß unsere Leistungen nur von wenigen Tieren übertroffen werden, in der Sphäre des Geruchssinnes sind wir dagegen elende Stümper. Wir gehören mit unseren Vettern, den Affen, zu den „Mikrosmatikern", zu Deutsch „Wenigriechern", während Hund, Bär, Reh und viele andere „Makrosmatiker", „Vielriecher" sind. Schon das Querschnittsbild verschiedener Nasen überzeugt uns von dieser traurigen Wahrheit (Abb. 41).

Obwohl wir hier also auf der untersten Stufe des Könnens stehen, grenzt die Empfindlichkeit unserer Nase ans Phantastische. Kein einziges unserer chemischen Reagenzien, mit deren Hilfe wir einen Geruchsstoff nachweisen können, erreicht annähernd die Präzision

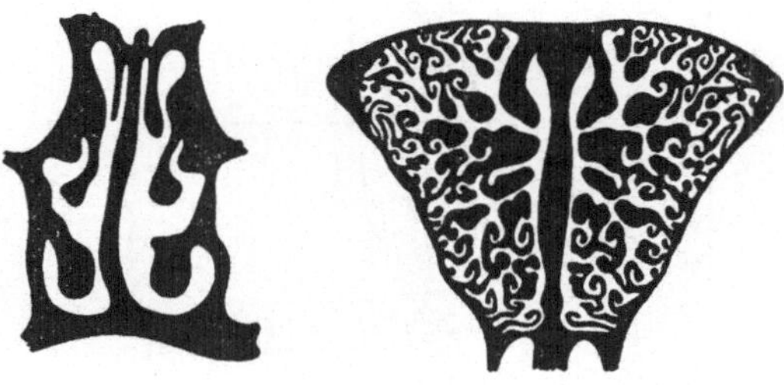

Abb. 41. Schematischer Querschnitt durch den hinteren Teil der Nasenhöhle zweier Säugetiere. *A* Mikrosmatiker (Mensch), *B* Makrosmatiker (Reh). Nach *v. Frisch.*

unserer Nasenschleimhaut. Das Vanillin z. B. kann von einem Menschen noch mit Sicherheit gerochen werden, wenn in einem Liter Luft der millionste Teil eines Milligramms enthalten ist. Wenn man allerdings diese winzigen Mengen in Molekülzahlen umrechnet, dann erlebt man eine Überraschung: Man erhält auch jetzt noch astronomische Ziffern. Die geringste Molekülzahl in 50 cm³ Luft, die wir gerade noch wahrnehmen können, beträgt z. B. für die Ameisensäure $1{,}6 \times 10^{16}$, für das Chloroform $7{,}6 \times 10^{15}$.

Was ein Hund mit seiner Nase wahrnimmt, wird uns auf ewig unvorstellbar bleiben, auch wenn wir uns noch so sehr im Experiment von seiner Geruchsschärfe überzeugen. Am unbegreiflichsten ist und bleibt für uns die Fähigkeit des Hundes, den Individualgeruch einer bestimmten Person unter anderen solchen Gerüchen herauszufinden. Es gilt dies nicht nur für die Spur seines Herrn, auch die sich kreuzenden Spuren verschiedener Hunde werden klar unterschieden. Bemerkenswert ist auch das

Folgende: Ein gut dressierter Hund vermag ein Stück Holz, das eine bestimmte Person nur zwei Sekunden in der sauber gewaschenen Hand hielt und dann fortwarf, mit Sicherheit aus einer Menge gleicher Hölzer herauszufinden.

Von den übrigen makrosmatischen Säugetieren werden wir ähnliche Leistungen erwarten können. Noch Erstaunlicheres ist indessen von den Insekten zu berichten. Wir wollen hier nicht

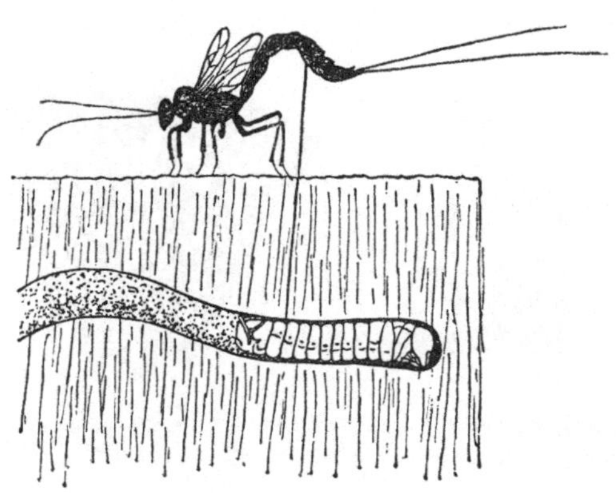

Abb. 42. Schlupfwespe *Ephialtes*, eine im Holz verborgene Holzwespenlarve anstechend. Nach *Doflein*.

von den Schmetterlingsmännchen reden, die ihre Weibchen aus großer Entfernung zu finden wissen, sondern uns die weniger bekannten Schlupfwespen etwas ansehen.

Die Schlupfwespe muß ihre Eier in ein lebendiges Tier, meist in eine Insektenlarve, hineinlegen. Nur hier, eingebettet im weichen Fettkörper, von dem sie zehrt, vermag die Larve der Schlupfwespe zu gedeihen. Wenn das Beutetier frei auf einem Blatte sitzt, wie es etwa die Kohlweißlingsraupen tun, ist es vielleicht nicht sehr schwierig für die Schlupfwespe, sie zu entdecken. Sie fliegt den ganzen Tag von Kohlblatt zu Kohlblatt und sucht jedes von ihnen systematisch nach Raupen ab. Manche dieser Schlupfwespen haben es aber gerade auf solche Larven abgesehen, die tief im Holz versteckt ihr Leben verbringen. Die Holzwespenlarven z. B., die mit ihren starken Kiefern die dicksten Bretter zernagen können, leben unter der Rinde im Kernholze der Nadelbäume. Wenn ein Mensch die Aufgabe bekäme, genau den Ort festzustellen, an dem sich so eine Larve befindet, so würde er in die größten Schwierigkeiten geraten. Ich weiß wirklich nicht, ob es trotz aller modernen Technik überhaupt möglich wäre, dies seltsame Problem zu lösen. Die große Schlupfwespe *Ephialtes* betrillert mit ihren langen Fühlern, ihren Geruchsorganen, einen ihr verdächtigen Baum. Lange Zeit läuft sie hinauf und herunter immerfort mit ihren Fühlern in emsigster Bewegung (Abb. 42). Endlich hat sie die richtige Stelle gefunden, sie bleibt am Ort, krümmt ihren Hinterleib und setzt den haarscharfen Bohrer, der zugleich Legeröhre ist, auf die Rinde. Durch sorgsames Auf- und Abwärtsführen bohrt sie mit ziemlicher Geschwindigkeit ein Loch quer durch Rinde und Holz und mitten in den weichen Leib der Larve, die es vielleicht gar nicht merkt, wenn das todbringende Ei in ihren Körper hineingleitet.

Andere Schlupfwespen leisten anderes. So gibt es welche, die die Mehlmotte bekämpfen, die in Getreidespeichern ihr Unwesen treibt und in einem Gespinst verborgen nur mit dem Geruchssinn entdeckt werden kann. Die Schlupfwespe erkennt nicht nur ihre Beute als solche, sondern weiß auch ganz genau, in welchem Zustande sie sich befindet. Die verpuppte Raupe ist aus den verschiedensten Gründen untauglich, und es soll nie vorkommen, daß sich die Schlupfwespe an einer solchen Puppe vergreift.

Am anderen Ende der Skala stehen diejenigen Tiere, die ihren Geruchssinn fast oder gänzlich eingebüßt haben. Manche Forscher behaupten, daß dies für die meisten Vögel Geltung habe. Es ist noch bestritten, ob dies wirklich zutrifft, aber in manchen Fällen kann wohl kein Zweifel sein. Das berühmteste Beispiel sind die Aasgeier. Obgleich von der Nahrung dieser Tiere ein penetranter Geruch ausgeht, sind sie unfähig, das Aas zu finden, wenn man es mit einem Tuche bedeckt.

Die Aasgeier sind Augentiere im wahrsten Sinne des Wortes. In der afrikanischen Steppe besetzen sie alle hochragenden Punkte: Bäume, Felsen usw. Einer, der zufällig in der Nähe sitzt, sieht das gefallene Tier zuerst und eilt herbei. Er selbst wird dann von anderen gesehen, die ihm folgen, diese wieder von weiter entfernt sitzenden. So kommt es, daß schon nach wenigen Minuten Dutzende dieser Vögel am Aas sich versammelt haben.

Etwas von den Geruchsstoffen. Während man Töne und Farben sehr leicht in eine bestimmte Ordnung fügen kann, gibt es bei den Gerüchen vor der Hand eine unübersehbare Mannigfaltigkeit. Einige Forscher haben zwar das kühne Wagnis unternommen, auch für die Gerüche eine Art von System aufzustellen, aber der Erfolg war gering. Bezeichnenderweise ist es der alte *Linné* gewesen, der auf diesem Gebiete die ersten Schritte tat. Es folgte ihm *Zwaardemaker*, der 9 verschiedene Geruchsklassen aufstellte und später *Henning*, der deren 6 annimmt: würzige, blumige, fruchtige, harzige, faulige und brenzlige Gerüche. Es kann aber nicht geleugnet werden, daß alle diese Versuche eine klare Ordnung zu schaffen, für die Wissenschaft bisher von geringer Bedeutung gewesen sind.

Vor allem fehlt es noch an einer klaren Beziehung zwischen der Geruchsempfindung und dem Wesen des Riechstoffes. Gerade hierin macht sich der ungeheure Abstand bemerkbar zwischen unserer schon recht weit geführten Kenntnis der Optik und Akustik und unserem bescheidenen Wissen in der Sphäre des Geruches. Für jeden Ton und für jede Farbe läßt sich mit größter Präzision die Zugehörigkeit einer bestimmten Schwingungsfrequenz nachweisen; wodurch sich aber die einzelnen Riechstoffe voneinander unterscheiden, dies kann vorläufig niemand mit Sicherheit angeben. An Hypothesen fehlt es freilich auch auf diesem schwierigen Gebiete nicht, aber bei der noch bestehenden Unsicherheit erübrigt sich ein genaueres Eingehen auf sie.

Früher wurde ganz allgemein angenommen, daß die wichtigste physikalische Eigenschaft der Geruchsstoffe ihre Flüchtigkeit sei, aber diese Vermutung hat sich nicht bestätigt. Manche der extremsten Geruchsstoffe, wie der Moschus oder das Vanillin gehören sogar zu den wenig flüchtigen Stoffen. Von Wichtigkeit scheint jedoch ihre Ätherlöslichkeit zu sein, die stets sehr groß ist, während die Wasserlöslichkeit der Geruchsstoffe außerordentlich gering sein kann. Allerdings sind diese Verhältnisse vorläufig nur für den Menschen erprobt; wie es mit den Geruchsstoffen wasserlebender Tiere, wie der Molche bestellt ist, wissen wir noch gar nicht.

Wir streifen mit dieser letzten Bemerkung ein anderes Gebiet, das biologisch von der größten Bedeutung ist. Müssen wir nicht annehmen, daß so verschiedene Tiere wie Säugetiere, Fische, Insekten und wie sie alle heißen, auf ganz verschiedene Geruchsstoffe reagieren? Wir sind noch weit von der allgemeinen Lösung dieser Frage entfernt, aber im bestuntersuchten Falle hat sie eine sehr unerwartete Lösung gefunden. *Karl v. Frisch* stellte in langen und sorgfältigen Versuchsserien fest, daß für Biene und Mensch die Geruchsstoffe identisch sind. Die Biene läßt sich auf alle Stoffe dressieren, die beim Menschen eine Geruchsempfindung auslösen, aber nicht auf solche, die uns geruchlos erscheinen.

Für den Sinnesphysiologen ist die Tatsache besonders erstaunlich, daß die Zahl der möglichen Geruchsempfindungen anscheinend eine unbegrenzte ist. Der Dichter Thoma läßt in einem seiner Lustspiele eine Dame, die unverhofft ins Gefängnis kommt und hier die „nähere" Bekanntschaft einer Reihe ihr sonst fremder Menschentypen macht, in den Schreckensruf ausbrechen: „Ich habe gar nicht gewußt, daß es solche Gerüche überhaupt gibt!" Damit ist in einer sehr drastischen Weise die ganze Situation gekennzeichnet. Im Gebiete der Farben und der Töne werden wir keine neuen Sensationen erleben, und wenn wir die ganze Welt durchstreifen. Es werden uns höchstens neue Kombinationen begegnen, aber bestimmt keine neuen elementaren Sinneseindrücke. Bei der Nase dagegen muß man sich schon auf alles gefaßt machen.

Die chemische Industrie erzeugt jahraus, jahrein eine ganze Menge noch nie dagewesener Riechstoffe, von denen mancher einen durchaus charakteristischen, mit nichts zu verwechselnden Geruch besitzt, den vorher noch kein Mensch auf der ganzen Erde jemals empfunden hat. Von allen Rätseln, welche unsere Nase uns aufgibt, ist dies das größte. Für den Laien liegt nun vielleicht die Annahme am nächsten, daß ein neuer Riechstoff die Sinneszellen in einer gänzlich neuen Weise reizt. Aber wir lernten ja in einem früheren Kapitel, daß jede Sinneszelle, gleichgültig wie sie gereizt wird, stets die gleiche Erregung zum Zentrum sendet, und der Naturforscher wird sich kaum bereit erklären, dieses allgemein anerkannte Gesetz mir nichts dir nichts aufzugeben. Die einzige Möglichkeit, all diese Schwierigkeiten zu umgehen, bietet vielleicht die sogenannte Komponententheorie. Sie nimmt an, daß unsere Nase eine große Anzahl verschiedener

Riechzellen enthält, deren isolierte Reizung verschiedene Empfindungen im Gehirn auslöst. Normalerweise geschieht es aber vielleicht nie, daß nur eine solche Sorte gereizt wird, auch einfache Reizstoffe, wie etwa das Ammoniak, werden auf eine ganze Reihe von ihnen einwirken, und was dabei als Empfindung herauskommt, ist das Werk des Zusammenklingens aller dieser Primärempfindungen zu einer höheren Einheit, ebenso wie wir ein Bild als eine einheitliche Empfindung betrachten und unserem Gedächtnis einverleiben, obgleich es aus einer Unzahl einzelner Lichteindrücke sich zusammensetzt. Wenn ich nun einen noch nie dagewesenen Stoff wie die Osmiumsäure (O_8O_4) rieche, so wird dabei vielleicht eine Kombination von Sinneszellen gereizt, die sonst niemals in gemeinsamer Tätigkeit zusammenklingen, es entsteht, wenn ein kühner Ausdruck erlaubt ist, ein neues Geruchsbild und damit eine völlig neue Empfindung.

Eine gewisse Stütze erhält diese Theorie durch die folgende höchst merkwürdige Tatsache. Es gibt eine Reihe von Riechstoffen, deren Geruch je nach der angewandten Konzentration durchaus verschieden ist. So riecht das Ionon in stark verdünntem Zustande nach Veilchen, in gewisser Konzentration dagegen etwa wie Zedernholz. Um dies zu verstehen, braucht man sich nur vorzustellen, daß bei verschiedener Konzentration verschiedene Sinneszellen ihrem Schwellenwerte entsprechend gereizt werden. Die Kombination der an der Entstehung des Geruchsbildes beteiligten Sinneszellen ist also eine andere bei großer Verdünnung als bei großer Konzentration, und daher ändert sich der Geruch.

Der Geschmackssinn. Im täglichen Leben gibt man sich meist von der Leistung des Geschmackssinnes keine genügende Rechenschaft. Ein gut hergerichtetes Diner bedeutet für den Schlemmer eine große Zahl erlesener kulinarischer Genüsse, ein jeder von den anderen so verschieden wie es die Farben des Regenbogens sind. Es scheint also, daß auch der Geschmackssinn die Möglichkeit zu einer Fülle verschiedener Empfindungen bietet. Wenn man aber vom Schnupfen geplagt wird, so bemerkt man plötzlich, daß auch das beste Essen keine Freude bereitet, alles schmeckt jetzt abscheulich fade wie Holz und Stroh. So lernen wir an uns selbst und ohne jedes gelehrte Experiment, daß es eigentlich die Nase und gar nicht die Zunge ist, mit welcher wir schmecken. Das Beefsteak kann noch so herrlich munden, die Zunge ist an diesem Genuß nur so weit beteiligt, als sie uns die Empfindung salzig vermittelt, alles andere verdanken wir den Wohlgerüchen, die von der Mundhöhle, in der wir den Bissen kauen, durch die engen Nasenrachengänge zur Nase emporsteigen. Hier, in den verborgenen Falten des Riechepithels sitzen die Kunstrichter, auf deren Urteil es ankommt, ob wir den Koch loben oder tadeln. Hier wird festgestellt, ob die Suppe verbrannt oder die Butter ranzig ist, hier und nicht auf der Zunge prüft der Weinkenner die Güte des neuen Jahrgangs.

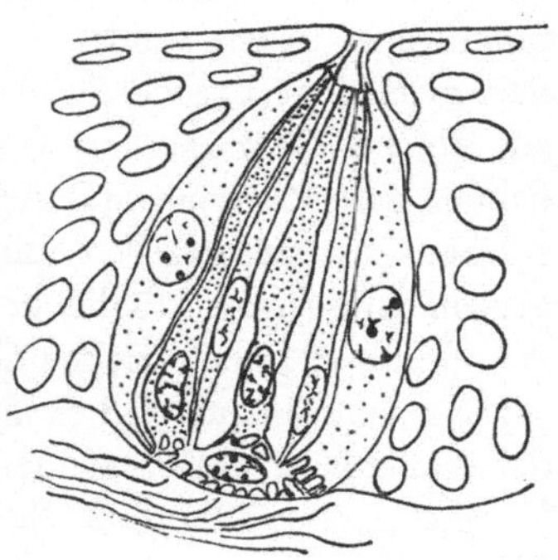

Abb. 43. Geschmacksknospe der menschlichen Zunge.

Unsere Zunge selbst ist ein plumpes und unbeholfenes Ding und ihre Sprache kennt nur vier Worte: Süß, Sauer, Salzig und Bitter. Der Anatom lehrt uns, daß nicht etwa die ganze Zunge mit ihrer großen Fläche geschmacksempfindlich ist, sie trägt nur an gewissen Stellen, hauptsächlich in ihrem hinteren Teil und an den Rändern die sogenannten Geschmacksknospen, sehr einfache Gruppen von nur wenigen Sinneszellen (Abb. 43). Manche dieser Knospen sprechen nur auf eine der vier Geschmacksqualitäten an, andere auf zwei, wieder andere auf drei oder vier.

Der Natur der Reizstoffe nach sind nun diese vier Qualitäten außerordentlich verschieden. Der Geschmack salzig bezieht sich beim Menschen nur auf einen einzigen Stoff, nämlich das Kochsalz, dem offenbar wegen seiner großen Verbreitung in der Natur eine besondere Rolle zufällt. Alle anderen Salze haben irgendeinen Nebengeschmack, sauer oder bitter. Der saure Geschmack wird nur durch freie Säuren hervorgerufen oder, wie man in der Wissenschaft heute sagt, durch freie H-Ionen. Anders steht es mit den beiden Partnern Süß und Bitter. Keiner von beiden ist auf eine besondere Stoffgruppe zugeschnitten. Bitter schmecken uns gewisse Elemente, wie das Magnesium, manche recht einfache

Nitroverbindungen[1] und endlich gewisse hochkomplizierte chemische Verbindungen wie das Chinin. Den süßen Geschmack kennen wir vornehmlich von gewissen Zuckern, aber zugleich von dem künstlichen Saccharin, das chemisch nicht die geringste Verwandtschaft mit den Zuckern besitzt. Man hat sehr viel Scharfsinn darauf verwendet, nachzuweisen, was diese verschiedenen Stoffe eigentlich Gemeinsames an sich haben könnten, ein greifbares Resultat ist aber dabei nicht herausgekommen, vermutlich deswegen, weil die Fragestellung prinzipiell falsch gewesen ist. Wir haben es ja gelernt, daß die Empfindungen ihren Sitz nicht in den Sinneszellen haben, sondern erst im Gehirn entstehen. Wir können daher vielleicht sagen, daß süß alle die Stoffe schmecken müssen, die auf solche Geschmackssinneszellen einwirken, deren Nervenbahnen zum Zentrum Süß ziehen. Wenn es verschiedene Sorten solcher Geschmackszellen gibt, die auf verschiedene Stoffe reagieren, dann ist die Möglichkeit geboten, daß auch die heterogensten Stoffe alle den gleichen Geschmack aufweisen.

Man sieht hieraus, daß es nicht auf die chemische Konstitution der Geschmackstoffe, sondern auf die Konstruktion unseres Sinnesapparates ankommt. Beiden Geschmacksqualitäten Süß und Bitter kommt eine recht weitreichende biologische Bedeutung zu. Das Süße, dessen Empfindung anscheinend stets mit einem Lustgefühl einhergeht, dient zur Anlockung des Tieres zu einer Nahrungsquelle, die ihm gut und bekömmlich ist. Das Bittere dagegen ruft dem Tiere zu: „Meide mich". Diese allgemeine Bewertung, die weit über die Diagnostik einzelner Stoffe hinausgeht, kommt auch sehr deutlich in der Sprache zum Ausdruck. Alles, was Freude erweckt im irdischen Leben, können wir nach dem untrüglichen Urteil unserer Sprache mit dem Worte Süß belegen. Süß ist nicht nur der Zucker, sondern nach des Dichters Wort auch die Liebe, der Mund einer schönen Frau oder der erquickende Schlummer. Alles, was Unlust erweckt, wie der Tod oder jegliches Leid, darf man mit dem Worte Bitter schelten. Eine merkwürdige Ausnahme macht nur die Arbeit, die uns „sauer" wird. Es ist dies aber wahrscheinlich auf den Schweiß gemünzt, den wir bei ihr vergießen.

Bei der Erforschung des Geschmacksinnes der Tiere ist man gewöhnlich von der Frage ausgegangen, wie weit er dem des

---

[1] Nitroverbindungen sind Stickstoff-Sauerstoff(NO_2)-Verbindungen.

Menschen gleicht. Natürlich gibt es hier trotz prinzipieller Ähnlichkeit allerlei Unterschiede. Die Katze z. B. kennt die Empfindung Süß nicht, der Hund reagiert nicht auf Saccharin. Viele Wirbeltiere, insbesondere Vögel, die gern bittere Samen fressen, erweisen sich als wenig empfindlich für Bitterstoffe. Auch für die Amphibien scheint dies zu gelten. Wenigstens hat man beobachtet, daß Kröten chiningetränkte Mehlwürmer mit Behagen herunterschlucken.

Eine große Überraschung für die Forschung die Feststellung, daß die Fische einen viel empfindlicheren Geschmacksinn haben als die übrigen Wirbeltiere. Es hängt dies wahrscheinlich damit zusammen, daß bei ihnen noch die Verbindung zwischen Mundhöhle und Nase fehlt. Der Geschmacksinn ist daher auf sich selbst gestellt. Die Elritze ist für Zucker 500mal empfindlicher als der Mensch, für Kochsalz 184mal.

Sehr Erstaunliches ist auch von den Insekten zu berichten. Wir wissen bereits, daß manche Tagfalter und viele Fliegen nicht nur am Munde Geschmacksinneszellen haben, sondern auch an den Vorderfüßen. Die Unterschiede sind hier noch größer. Der Admiral z. B., der bekannte bunte Tagfalter, reagiert auf 0,003% Rohrzucker, während für uns 0,4% die Grenze ist.

6. Der Tastsinn

Die Leistungen des menschlichen Tastsinnes. Wer etwas spät in der Nacht nach Hause komm, tastet sich, um die Mitbewohner nicht zu stören, ohne Licht zu machen vorsichtig den langen Korridor entlang, bis er in seinem Schlafzimmer geräuschlos verschwindet. Aus dieser Situation erhellt, wozu wir den Tastsinn in erster Linie gebrauchen: bei Ausschluß der anderen Sinne sich im Raume zurechtzufinden, ohne daß wir an den harten Sachen uns stoßen, die nach Schillers bekanntem Wort den Raum erfüllen. Mancher Kulturmensch kommt nur selten in die geschilderte Lage, aber im Freileben der meisten Tiere ist der Tastsinn, besonders zur Nachtzeit, ein wichtiger und unentbehrlicher Freund. Wie das Heer seine Vorhut voraussendet, so haben sehr viele Organismen besondere Tastorgane entwickelt: Fühler oder Schnurrhaare, deren Aufgabe es ist, erst mal das Gelände zu prüfen, ehe das Gros des Körpers nachkommt. Außerdem ist aber bei den meisten

Tieren auch der übrige Körper tastempfindlich. Beim Menschen verteilen sich über die ganze Haut die sogenannten Druckpunkte, feinste unter der Haut gelegene Sinnesendigungen. Man kann sie mit einem Reizhaar abtasten und dabei feststellen, daß sie nicht überall gleich dicht stehen. An manchen Stellen, wie an der Hand oder im Gesicht, sitzen sie sehr dicht beieinander, an anderen, wie am Rücken, sind die freien Zwischenräume größer, aber überall sind diese so klein, daß der Mensch gewöhnlich der Täuschung anheimfällt, daß seine ganze Körperoberfläche gleichmäßig tastempfindlich sei. Man hat berechnet, daß ein Mensch insgesamt etwa 640000 derartige Druckpunkte besitzt.

Der Mensch hat die empfindliche Hand zu seinem wichtigsten Tastwerkzeug entwickelt. Ihre Leistung ist weit über ihre ursprüngliche Aufgabe hinausgewachsen, sie vermag uns eine Reihe von Empfindungen zu vermitteln, die uns über die Beschaffenheit des betasteten Gegenstandes wichtige Aufschlüsse geben. Die außerordentliche Dichte der zahllosen druckempfindlichen Stellen unserer Haut bedingt es, daß beinahe nie nur ein Druckpunkt allein erregt wird, meist haben wir es mit einer großen Zahl gleichzeitig erregter Elemente zu tun, und meist nimmt man noch die Zeit zur Hilfe, wenn man die Qualität eines Gegenstandes erkennen will. Man streicht mit der Hand über eine Fläche, und indem man eine große Zahl von druckempfindlichen Elementen nacheinander verschiedenen Berührungsreizen aussetzt, erhält man je nachdem den Eindruck rauh, glatt, klebrig usw. Aber auch ohne jede Bewegung erhält man einen sehr deutlichen Eindruck, wenn man die Hand z. B. auf eine rauhe Strohmatte legt. Hier ist es die verschiedene Beanspruchung der Tastelemente einer Fläche, die uns zu dem Urteil führt, daß dieselbe rauh ist. Der Tastsinn vermittelt uns also sehr deutlich eine Vorstellung der räumlichen Verteilung der Objekte und vermag so, wenn auch in merklich abgeschwächtem Maße, Ähnliches zu leisten wie das Auge, dessen reizbare Elemente ebenfalls in einer Fläche sich ausbreiten. Dies geht so weit, daß man mit der Haut gewissermaßen lesen kann. Einem Kinde, das eben rechnen gelernt hat, braucht man nur mit dem Finger eine Zahl auf den Rücken zu schreiben, es wird mit bedeutender Sicherheit angeben können, ob es eine 4, eine 8 oder eine 7 war.

Auf diesem sehr eigentümlichen und keineswegs vorauszusehenden Vermögen unseres Tastsinnes beruht die erstaunliche Leistung der Tastschrift der Blinden. Sie ist wohl eine der segensreichsten Erfindungen[1], die jemals ein Mensch gemacht hat, denn sie gab Tausenden, die durch einen grausamen Zufall das Augenlicht eingebüßt haben, die Möglichkeit, ohne Hilfe anderer am schriftlich niedergelegten Kulturgut der Menschheit teilzunehmen (Abb. 44). Die heute international eingeführte Blindenschrift besteht aus Buchstaben, deren jedem ein System von sechs Punkten zugrunde liegt, die in zwei senkrechten Reihen sich anordnen. Beim einen Buchstaben aber ragen diese, beim anderen jene Punkte als kleine Höckerchen über die Fläche hinaus, so daß der Blinde sie fühlen kann. Das Lesen dauert nur 3- bis 4mal so lang wie beim Sehenden. Wir lernen durch die Blinden noch eine weitere erstaunliche Leistung unseres Tastsinnes kennen. Sie besitzen

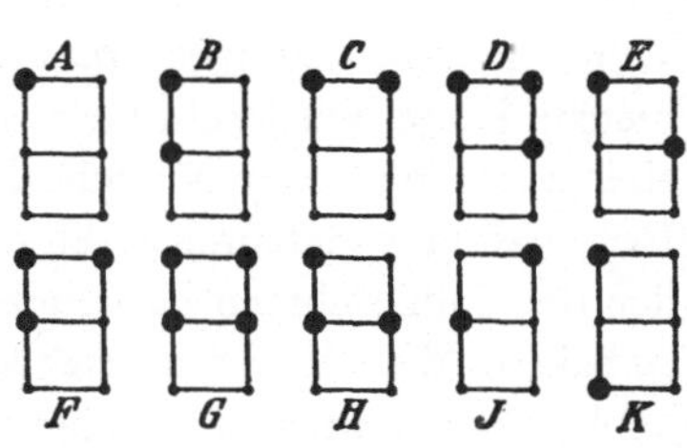

Abb. 44. Die Buchstaben A bis K der Blindenschrift.

den sogenannten „sechsten" oder Fernsinn, der sich in ihrer Fähigkeit äußert, ohne Berührung die Anwesenheit von Körpern wahrzunehmen. Es bedarf kaum einer Erwähnung, daß dies keine Spezialeigentümlichkeit nur der Blinden ist, jeder normale Mensch besitzt sie, nur macht er meist keinen Gebrauch davon. Wer sich selbst daraufhin prüft, wird leicht zu der Feststellung kommen, daß er beim Durchschreiten eines dunklen Ganges deutlich bemerkt, wo der Gang zu Ende ist, auch wenn er die Wand selbst nicht berührt. Wie man das aber merkt, ist nicht ganz leicht zu sagen und bedarf noch letzter wissenschaftlicher Klärung. Sicherlich spielen dabei die Luftwellen eine Rolle, die von allen festen Körpern reflektiert werden, und vielleicht ist außerdem der Wärmesinn beteiligt, denn sehr oft haben die festen Körper nicht völlig die gleiche Temperatur wie die sie umgebende Luft.

Wenn wir gestochen, gezwickt oder gestoßen werden, so merken wir mit untrüglicher Exaktheit nicht nur, daß dies geschieht,

---

[1] Der Erfinder war der Franzose *Braille* 1809—1852.

sondern auch den Ort der Handlung. Dies ist an sich keineswegs selbstverständlich und beweist, daß unser Tastsinn durch zahllose Repräsentanten in unserem Gehirn vertreten ist. Wie genau diese Lokalisation ist, davon kann man sich sehr leicht durch ein hübsches, kleines Experiment überzeugen, das schon seit langen Zeiten bekannt ist. Man nimmt eine kleine Kugel von etwa 1 cm Durchmesser, am besten also eine „Murmel", mit der die Kinder spielen, und dreht sie auf dem Tische zwischen den Spitzen zweier benachbarter Finger hin und her. Man hat dann sehr deutlich den gleichen Eindruck, wie wenn man nur einen Finger nimmt, nämlich, daß wirklich eine Kugel vorhanden ist. Nun legt man Zeige- und Mittelfinger kreuzweise übereinander und dreht die gleiche Kugel wiederum zwischen den beiden Fingerspitzen, die aber jetzt eine ungewöhnliche Lage zueinander einnehmen. Der Erfolg ist eine erstaunliche Sinnestäuschung. Man gewinnt nämlich den ganz sicheren Eindruck, zwei getrennte Kugeln vor sich zu haben. Wer mit geschlossenen Augen an diesen Versuch herangeführt wird, wird ohne Zögern bereit sein, einen heiligen Eid dafür abzulegen, daß er nicht eine, sondern zwei Kugeln zwischen seinen Fingerspitzen hin- und hergewälzt hat.

Wie ist dieses Phänomen zu erklären? Die einander zugekehrten Hälften je zweier benachbarter Finger senden ihre Wahrnehmungen zu einem und demselben Zentrum, kreuzt man aber die Finger, so berühren die für gewöhnlich voneinander abgewandten Fingerhälften die Kugel, die ihre Eindrücke zu verschiedenen Zentren senden. Es meldet jetzt also die rechte Hälfte des rechten Mittelfingers, daß sie eine Kugel berührt. Das gleiche tut die linke Hälfte des Zeigefingers, und da diese beiden Meldungen nicht dem gleichen Zentrum, sondern zwei verschiedenen Zentren zugeleitet werden, so kommt man zu der Vorstellung zweier gesonderter Kugeln.

Einiges von den Tastreflexen der Tiere. Wenn der Mensch steht, sitzt oder liegt, ruht er mit den Füßen oder mit anderen hierzu besonders geeigneten Körperteilen auf der „wohlgegründeten dauernden Erde". Wir empfinden den gewohnten Druck unserer Körperschwere auf unsere Unterstützungsflächen als ein notwendiges Zubehör unserer Erdverbundenheit und sind daher aufs peinlichste überrascht, wenn der niedersausende Fahrstuhl uns vorübergehend von diesem Drucke befreit.

Bei den niederen Tieren sind diese von den Fußflächen normalerweise ausgehenden Berührungsreize noch von viel größerer Bedeutung. Jeder hat schon einmal einen Maikäfer beobachtet, der, auf den Rücken gefallen, mit allen sechs Beinen umherstrampelt, bis es ihm gelingt, sich irgendwo festzukrallen und in elegantem Umschwung wieder auf die Füße zu kommen. Seine ungebärdigen Anstrengungen beziehen sich keineswegs auf seine ungewöhnliche Lage zur Mutter Erde, aber es ist ihm unerträglich, daß seine Füße frei in der Luft schweben und sein Ziel ist, sie wieder irgendwo in Kontakt mit festen Gegenständen zu bringen. Er hört daher augenblicklich zu strampeln auf, wenn man ihm einen Zweig hinhält, an dem er sich anklammern kann. Für ein Insekt gibt es nur eine Situation, in der es erlaubt ist, die Füße frei in der Luft zu halten, das ist das Fliegen. Hier besteht sogar der Zwang, daß die Füße mit nichts Festem in Kontakt sind und daher kommt es, daß die meisten Insekten nicht imstande sind, irgend etwas, das ihnen gefällt, mit den Füßen hochzuheben und damit woanders hin zu fliegen. Nur einige wenige von ihnen, die berufsmäßig allerlei Dinge zum Nest tragen müssen, haben sich von diesem Zwange frei gemacht. Eine normale Fliege z. B. ist völlig unfähig, etwas in der Luft zu tragen. Will man erforschen, wie das kommt, so braucht man ein solches Tierlein nur vorsichtig am Rücken an einem feinen Stabe festzukleben. Sie fängt dann sehr bald an, auf der Stelle zu fliegen, und man kann aus nächster Nähe beobachten, daß es hierbei die Beine „vorschriftsmäßig" ausstreckt, die vorderen nach vorn, die hinteren nach hinten und die mittleren etwas zur Seite gespreizt. Hält man nun einer solchen Fliege eine kleine Papierkugel zwischen die Füße, so hört sie meist auf zu fliegen und läuft auf der Kugel umher, die sie dabei geschwind nach hinten dreht. Natürlich ist es vollkommen gleichgültig, ob sich die Fliege gegenüber der Kugel oder die Papierkugel gegenüber der Fliege bewegt. Die Hauptsache ist, daß eine Berührung stattfindet, und da dies geschieht, fühlt sich die Fliege in dieser Situation durchaus wohl. Sie braucht nicht wie wir die Schwere ihres Körpers zu empfinden, es genügt, daß ihre Füße in Kontakt mit einem festen Körper sind, um sie zum Laufen zu bringen.

Noch deutlicher zeigt der Blutegel, welche Bedeutung die Tastreize für die Bewegung eines Tieres gewinnen können. Der

Blutegel kann gehen, wobei er sich abwechselnd mit dem vorderen und hinteren Saugnapf festhält, und er kann schwimmen. Er schwimmt, wenn beide Saugnäpfe keinen Halt haben, also wenn man ihn von seiner Unterlage loslöst und ins Wasser wirft. Das Schwimmen wird ihm aber zur Unmöglichkeit, wenn man ihm einen ganz kleinen Glassplitter reicht, an dem er sich mit dem hinteren Saugnapf festsaugen kann. Wirft man ihn jetzt ins Wasser, so zeigt sich, daß er so wenig schwimmen kann, als wäre er in der

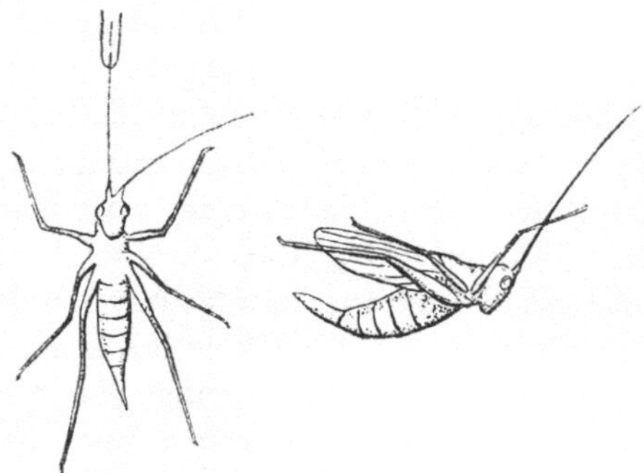

Abb. 45. Flughaltung der Laubheuschrecke *Meconema varians*. Links Tier an einem Fühler mit der Pinzette festgehalten.

Wüste geboren. Die Berührungsreize, die von dem winzigen Glasstück ausgehen, hindern ihn völlig an der Ausführung normaler Schwimmbewegungen und er sinkt träge zu Boden.

Wenn die Katze vom Dach fällt, kommt sie unten wieder richtig auf ihren Füßen an. Viele Insekten und andere Kerbtiere, die gewohnheitsgemäß im Geäst herumturnen und leicht der Gefahr ausgesetzt sind, vom Baume zu fallen, bringen dasselbe Kunststück wie die Katze fertig und zwar mit Hilfe des Tastsinnes. Sobald die Füße ihren Halt verlieren und das Tier frei in der Luft schwebt, wirkt das Fehlen der gewohnten Berührungsreize der Fußflächen als starker Reiz. Er bedingt reflektorisch die sogenannte Flughaltung, bei welcher der Rücken hohl gemacht und alle 6 Beine gespreizt und möglichst nach dem Rücken zugedreht werden. Auf diese Art verwandelt sich das Insekt in einen lebendigen Fallschirm und kommt ohne weitere Eigenbewegung ganz von selbst mit dem Bauch zuunterst am Boden an (Abb. 45).

Bei den meisten Tieren wirkt sich der Tastsinn nur bei unmittelbarer Berührung aus, ihr Tastraum ist also nicht größer als ihr Körper. Einige Wassertiere verfügen jedoch über einen sogenannten Ferntastsinn, den wir im folgenden kurz betrachten wollen. Das Sinnesorgan, welches ihn vermittelt, ist das bei Fischen und manchen Amphibien sich findende Seitenliniensystem. Mit seiner Hilfe sind alle diese Tiere nicht nur fähig, einen in ihrer Nähe befindlichen, sich bewegenden Körper wahrzunehmen, sie können ihn auch genau lokalisieren. Wenn man im Aquarium, in dem ein Krallenfrosch (*Xenopus laevis*) sich befindet, etwa 10 cm von diesem entfernt eine kleine, an einem dünnen Draht befestigte Kugel in leise Schwingungen versetzt, macht das Tier sofort eine Wendung und schnappt mit dem Maul nach der Kugel. In ähnlicher Weise werden natürlich auch kleine Beutetiere erhascht, die in der Nähe des Räubers sich bewegen.

Es gibt noch zahlreiche andere Leistungen des Tastsinnes und man könnte ein ganzes Buch hierüber schreiben. Wir wollen es aber mit dem wenigen bewenden lassen, was wir kennenlernten, und uns jetzt noch den Kraftsinn ansehen.

Der Kraftsinn hat in der Volkssprache nicht einmal einen Namen, und wenn ich dieses Wort hinschreibe, werden die meisten gar nicht verstehen, was eigentlich damit gemeint ist. Und dennoch ist der Kraftsinn ein Sinn, den wir tagtäglich bei den verschiedensten Anlässen gebrauchen. Was er leistet, zeigen uns eine Reihe von Adjektiva, die wir täglich im Munde führen: schwer, leicht, weich, hart, gasförmig, flüssig und fest.

Daß es schwere und leichte Dinge gibt, weiß schon jedes Kind. Ein Maßstab für die Schwere ist die Anstrengung, die es uns kostet, wenn wir das betreffende Ding hochheben. Daß wir die Schwere merken, ist kein Zweifel, aber wie merken wir sie? Zum Teil sicherlich durch den Berührungsdruck, den der Gegenstand beim Hochheben auf unsere Hand ausübt. Aber die Gesamtempfindung ist damit in keiner Weise erschöpft und ihr Hauptanteil entfällt sicherlich auf die Muskeln, welche die Arbeit leisten. In ihnen und in den Sehnen sitzen die Rezeptoren des Kraftsinnes, die sogenannten Muskelspindeln. Der Kraftsinn übt eine sehr genaue und zuverlässige Kontrolle darüber aus, daß wir unsere Muskeln vernünftig verwenden. Sie werden genau in dem

Maße gebraucht, wie es der auszuführenden Leistung entspricht. Dies kommt sehr schön beim Wurf zum Ausdruck. Wenn der Leichtathlet die Kugel schleudert, prüft er erst ihr Gewicht, indem er sie mehrfach hin und her schwingt. Unwillkürlich prägt sich dabei dem Kraftsinn die Schwere der Kugel ein, und nach seinen zum Gehirn gelangenden Meldungen richtet der Werfende die Kraft des Stoßes. In genauen Messungen hat man ermitteln können, daß hierbei schon Gewichte von 800 g und 804 g voneinander unterschieden werden.

Weich und hart erscheinen uns zwar auf den ersten Blick als Folgerungen, die wir unseren Tastempfindungen entnehmen, in Wirklichkeit sind aber auch sie mindestens zur Hälfte dem Kraftsinn zuzurechnen. Ob ein Ding hart oder weich und wie weich es ist, beurteilen wir nach dem Widerstande, den es seiner Deformierung entgegensetzt. Der harte Gegenstand deformiert natürlich auch die Haut unserer Fingerspitze, in der keine Muskeln sitzen, aber für gewöhnlich führen wir bei der Prüfung eine Bewegung mit Fingern, Hand oder Arm aus, und nach dem Widerstande, dem wir hierbei begegnen, schätzen wir die Härte ein. Genau die gleichen Empfindungen liegen den Begriffen flüssig und fest zugrunde. Flüssig ist etwas, was wir zwar bei der Berührung deutlich fühlen, uns aber beim Eindringen gar keinen Widerstand bietet, und gasförmig nennen wir einen Körper, der weder auf unseren Berührungs- noch unseren Kraftsinn einwirkt.

Der Kraftsinn ist bemerkenswerterweise schon bei den Würmern nachweisbar. Wenn man einem Blutegel einen Halt für den vorderen Saugnapf gibt, versucht er seinen muskelstarken Körper möglichst zu verkürzen und ist jetzt imstande, ein schweres Gewicht hochzuhalten, das man dem hinteren Saugnapf zu tragen gibt. Viele Minuten lang bringt er die athletische Leistung fertig, ein solches Gewicht, das etwa 30 mal schwerer ist als er selbst, im Klimmzuge hochzuhalten. Unterstütze ich aber das Gewicht einen Augenblick mit der Hand, so daß es sich für den Wurm verringert, so merkt dieser die Veränderung sofort mit seinem Kraftsinn und schickt weniger Impulse zu den Muskeln. Der Erfolg ist, daß das alte Gewicht den Wurmkörper in die Länge zieht, sobald ich die Hand wieder fortziehe.

7. Der Wärmesinn

Wenn im Sommer die Sonne recht ordentlich auf den Sand brennt, streckt unser treuer Hausgenosse, der Hund, in ihren Strahlen alle Viere von sich und bekundet in jeder Weise, daß ihm dabei „ganz kannibalisch" wohl zumute ist. Er zeigt uns durch sein Benehmen, daß es eine der wichtigsten Aufgaben des Wärmesinnes ist, die Kreatur zum Aufsuchen solcher Örtlichkeiten zu bringen, wo die ihr behaglichste Temperatur herrscht. Die kaltblütige Eidechse, die sich auf dem fast heißen Steine sonnt, macht es gerade so, und die großen Brummfliegen, die sich mit Vorliebe auf sonnendurchwärmte Mauern setzen, beweisen uns, daß auch manche niederen Tiere für die Annehmlichkeiten eines warmen Plätzchens das vollste Verständnis haben. In der freien Natur wird es, wenigstens in unseren Breiten, nicht so leicht vorkommen, daß es einem Tiere zu heiß wird. Im Experiment dagegen kann man sehr leicht zeigen, daß jede Kreatur eine sogenannte Bevorzugungstemperatur kennt, die sie einer jeden anderen vorzieht. Man hat hierzu ein höchst einfaches und doch sehr zweckmäßiges Gerät erfunden, die Temperaturorgel. Sie besteht aus einem langen und schmalen Kasten, dessen beide Enden extremen Temperaturen ausgesetzt werden. Unter das eine Ende stellt man eine Gasflamme, das andere kühlt man mit Eis. Ganz von selbst bildet sich jetzt vom einen Ende bis zum anderen ein Temperaturgefälle. Wirft man jetzt eine größere Anzahl einer Tierart, etwa 100 Ameisen, in den Kasten, so kann man sehr bald wahrnehmen, daß die Mehrzahl der Tierchen sich in einem verhältnismäßig schmalen Streifen ansammelt, dort nämlich, wo am Boden des Kastens ihre Bevorzugungstemperatur sich findet. Was sie beim Aufsuchen der optimalen Temperatur für ihren Organismus erreichen, davon freilich haben alle diese Tiere gar keine Vorstellung. Die Wärme, der sie sich aussetzen, geht nicht nur bis zu den Sinneszellen in der Haut, sie durchdringt den ganzen Körper und bedingt es, daß beim Kaltblüter alle Funktionen: die Atmung, die Verdauung und wie sie alle heißen, beträchtlich geschwinder und energischer verlaufen, als es in der Kälte möglich wäre. Besonders in der kühlen Frühlingszeit ist die Ausnützung der Sonnenwärme für manches Getier von großer Bedeutung. In manchen Fällen kann der Temperaturreiz auch eine besondere Bedeutung erlangen. Für alles Ungeziefer, das warmes Blut saugt: Läuse, Wanzen, Stechfliegen usw., ist die Wärme ein positiver Reiz, dem sie nachgehen, um ihre Beute zu finden.

Anatomisch wissen wir vom Temperatursinn verhältnismäßig wenig, selbst beim Menschen. Es gibt wahrscheinlich in seiner Sphäre gar keine in der Haut liegenden Sinneszellen. Sich aufsplitternde Nervenendigungen, deren Zelleib erst im Rückenmark gelegen ist, sind die Endorgane. Man findet sie, indem man die Haut vorsichtig mit einer warmen oder kalten Nadel abtastet, und entdeckt dabei zwei sehr merkwürdige Tatsachen, erstens, daß wir, genau genommen, zwei getrennte Sinne haben: Einen Wärmesinn und einen Kältesinn. Ein isoliert gereizter Wärmepunkt kann niemals Kälte empfinden, und ebenso ist ein Kältepunkt nicht in der Lage, auf Wärme anzusprechen. Zweitens ist es bemerkenswert, daß die Wärme- oder Kälteempfindung gar nichts mit dem Schmerz zu tun hat. Anscheinend lehrt doch die tägliche Erfahrung, daß beide Empfindungen ineinander übergehen. Steigert man die Temperatur eines Körpers, den man mit der Hand berührt, so geht doch anscheinend unsere Empfindung ganz allmählich von warm über heiß zum Schmerz über. Aber es ist dies eine Täuschung.

Behandelt man nämlich einen isolierten Wärmepunkt in der gleichen Art, so wird man niemals Schmerz empfinden, der eben nur dadurch zustande kommt, daß die sich ausbreitende Hitze die benachbarten Endigungen des Schmerzsinnes in Erregung versetzt. Eine weitere Eigentümlichkeit unseres Wärmesinnes ist die sehr verschiedene Empfindlichkeit der einzelnen Körperteile. Beim Tastsinn ist es ja so, daß die exponiertesten Körperteile, wie Hand und Fuß, am empfindlichsten sind, aber hier treffen wir gerade das Umgekehrte. Am ehesten sprechen die mittleren Körperpartien, wie Rücken oder Gesäß, auf Temperaturreize an. Biologisch ist dies offenbar so aufzufassen, daß der Wärmesinn eine Kontrolle über die Temperaturverhältnisse des ganzen Körpers ausüben soll. Für diesen bedeutet es aber verhältnismäßig wenig, wenn man an den Händen friert, wird dagegen der Rumpf kalt, so wird sich dies wahrscheinlich bald an der sinkenden Blutwärme bemerkbar machen. Daher müssen diese

Stellen imstande sein, den Körper rechtzeitig zu alarmieren. Sehr bemerkenswert ist es endlich, daß der Kältesinn viel verbreiteter an unserem Leibe ist als der Wärmesinn. Auch hierfür ist leicht eine Erklärung zu finden. Für den des natürlichen Haarkleides der Säugetiere entbehrenden Menschen ist die Kälte, der er schutzlos preisgegeben ist, der weitaus wichtigere Reiz als die Wärme.

Für die warmblütigen Tiere ist das Aufsuchen der günstigsten Außentemperatur von geringerer Bedeutung als für die Kaltblüter. Sie zeichnen sich ja gerade dadurch vor allen anderen Geschöpfen aus, daß sie sich in so weitgehendem Maße vom Wechsel der Außenbedingungen emanzipiert haben und damit fähig geworden sind, alle Breiten dieser Erde vom eisigen Nordpol bis zum noch eisigeren Südpol, alle Höhen vom Gestade des Meeres bis zum ewigen Schnee der Firnfelder mit Leben zu erfüllen. Daß sie dies aber vermögen, verdanken sie vorzüglich ihrer Fähigkeit, die Körperwärme auf gleichmäßiger Höhe zu halten, ob nun draußen der Schneesturm heult oder die Augustsonne brütet.

Wir Menschen regulieren unsere Körperwärme zunächst durch die Kleidung. Die bekannte Redensart: „Wer friert, ist dumm", ist der lapidarste Ausdruck dafür, daß wir für diese Leistung immerhin ein klein wenig Verstand benötigen. Die Tiere, denen derselbe im notwendigen Maße abgeht, machen es unbewußt reflektorisch, aber dafür um so exakter. Wir wollen uns zunächst einmal ansehen, was alles geschehen kann, wenn es Mensch oder Tier zu heiß wird. Es öffnen sich dann alle Ventile des Körpers, durch die die Wärme nach außen abströmen kann. Die feinen Blutgefäße der Haut erweitern sich zu diesem Zweck bei uns Menschen im Gesicht, beim langohrigen Kaninchen in den Löffeln, die außerdem möglichst vom Körper abgespreizt werden. Auch der gewaltige Elefant benutzt seine riesigen Ohren zum Wärmeausgleich, wenn es die afrikanische Sonne gar zu gut meint. Er fächelt die Ohren außerdem hin und her und trägt so noch besonders dazu bei, daß die überschüssige Wärme aus ihnen entweicht. Viele Tiere, wie z. B. das Pferd, vergießen außerdem am ganzen Körper ihren Schweiß, der freilich nicht von der Stirn tropfen darf, wie man das beim Menschen so oft sehen kann, da er nur, langsam auf der Haut verdunstend, abkühlend wirkt. Endlich sehen wir, daß der Hund, wenn es ihm zu heiß ist, die feuchte Zunge weit vorstreckt und durch schnelle und kurze Atemstöße kühle Luft in die Lunge einführt.

Wird es zu kalt, so treten andere höchst weise Einrichtungen zutage. Wer nach dem ersten Bade im schönen Mai blaurot gefroren den Fluten entsteigt, der zittert wie Espenlaub. In noch ausgeprägterem Maße zeigen manche Tiere, wie der Hund, dieses Kältezittern, wovon die Redensart: „Er friert wie ein junger Hund", beredtes Zeugnis ablegt. Der Laie pflegt diese Erscheinung gewöhnlich als eine höchst unerwünschte Beigabe des Frierens zu betrachten, aber in Wirklichkeit ist sie von recht großem praktischem Wert. Die reflektorisch durch die Kälte erregten Muskeln erzeugen eben durch ihr schnelles Zittern eine nicht unerhebliche Wärmemenge, die der Abkühlung entgegenwirkt. Wir sehen außerdem, daß die Hautkapillaren in der Kälte das Gegenteil von dem tun, was sie in der Hitze besorgen: Sie verengern sich, damit möglichst wenig von der kostbaren Blutwärme nach außen entweichen kann, und endlich wollen wir uns an eines erinnern, von dem schon früher die Rede war, daß nämlich in der Kälte die Intensität der Stoffwechselvorgänge reflektorisch ansteigt und so zu vermehrter Wärmebildung führt.

Bei Säugetier und Vogel sind alle diese Wärmeregulationen nicht allein als die Folge der Reizung zu betrachten, die die Sinneszellen unserer Haut erleiden. Das Blut ist es, das die Wärme selbst bis zum Gehirn transportiert, und hier finden sich in gewissen Zentren wärmeempfindliche Zellen, deren Reizung alles weitere veranlaßt. Aber trotzdem ist die Wärmeregulation als eine echte Sinnesfunktion anzusehen.

Man hat früher stets angenommen, daß die kaltblütigen niederen Tiere gar nichts besitzen, was sich mit diesen höchst komplizierten Einrichtungen des Säugetier- oder Vogelkörpers vergleichen ließe, aber wie so oft hat man sich auch hier davon überzeugen müssen, daß unsere Überlegenheit ein klein wenig auf unserer Einbildung beruht. Die Imker haben es schon lange gewußt, daß es im Bienenstock im Winter niemals sehr kalt wird, aber niemand wußte, wie dies zustande kommt. Endlich hat ein einfacher Bienenzüchter aus Thüringen die heroische Aufgabe auf sich genommen, den ganzen Winter über Tag und Nacht alle paar Stunden die

Temperatur einiger Bienenstöcke abzulesen. Dabei wäre es ihm
noch um ein Haar passiert, daß die Wissenschaft von seiner be-
wundernswerten Leistung gar nichts erfahren hätte. Später sind
seine Beobachtungen mit raffinierten wissenschaftlichen Apparaten, die ein automatisches Registrieren der Temperatur erlaubten,
nachgeprüft und im wesentlichen bestätigt worden. Nun, er fand
also, daß es im Bienenstock mit der Temperatur immer herauf und
herunter geht, daß sie aber niemals eine gewisse Minimaltemperatur
unterschreitet. Dies kommt so: Die Bienen bilden im Winter im
Stock eine sogenannte Traube. Sie hängen zu Zehntausenden
dicht bei dicht. Diejenigen, die zufällig in die Mitte dieses Hau-
fens geraten sind, haben es auf alle Fälle wohl ziemlich warm.
Dagegen müssen die „Außenbienen" sehr frieren, wenn es im
Stock zu kalt wird. Sie fangen dann an zu strampeln und mit
den Flügeln zu schwirren, benehmen sich also nicht sehr anders
als wir selbst beim Kältezittern. Die Hauptsache scheint aber zu
sein, daß sich ihre Unruhe auf die ganze Bienentraube mit ihren
10000 Bienen verbreitet, die nun mit vereinten Kräften eine er-
hebliche Wärmeproduktion zuwege bringen. Es steigt jetzt also
die Wärme im Bienenstock, bis alle sich wieder beruhigt haben.
Dann fällt sie allmählich von neuem, und das Spiel beginnt wie
vorher.

Bei anderen sozial lebenden Insekten kann man während des
Sommers eine Wärmeregulation beobachten. So versteht es die
rote Waldameise (*Formica rufa*) im Innern ihrer großen Kuppel-
nester eine Innentemperatur von 23 bis 29° zu erzeugen zu dem
Zwecke, ihre Brut unter den günstigsten Temperaturbedingungen
aufzuziehen. Wenn die Sonne scheint, werden zahlreiche Öff-
nungen in die Kuppel gemacht, damit die Sonne hineinscheinen
kann, bei Sonnenuntergang werden sie wieder geschlossen. Die
kleine Feldwespe (*Polistes gallica*), die ihr Nest frei an einem Stein
befestigt, muß dieses vor Überhitzung schützen. Sie tut dies,
indem sie Wassertropfen einträgt und dieselben durch Fächeln mit
den Flügeln zur Verdunstung bringt.

Vielleicht noch wunderbarer als dies ist die Tatsache, daß auch
der einsam lebende Nachtfalter eine Art Wärmeregulation besitzt.
Wer einmal in seiner Jugend den lieblichen Sport des Schmetter-
lingsammelns betrieben hat, der wird auch erfahren haben, daß

die dickleibigen Schwärmer, Spinner und Eulen, bevor sie sich
zum nächtlichen Fluge anschicken, eigentümliche Manipulationen
ausführen. Sie machen mit ihren Flügeln ganz schnelle, schwir-
rende Bewegungen, so schnell, daß man die Zeichnung der
Flügel nicht mehr erkennen kann, obwohl die Tiere unmittelbar
vor einem auf dem Tisch sitzen. Erst wenn sie diese Übung
einige Minuten lang betrieben haben, breiten sie plötzlich die
Flügel aus und in einem Nu sind sie verschwunden. Es hat sehr
lange gedauert, bis man dahinter kam, was dies zu bedeuten hat.
Irgend etwas muß es wohl bedeuten, denn es ist leicht zu zeigen,
daß der Nachtfalter unfähig zum Fluge ist, wenn man ihn am
Schwirren verhindert. Man kann ihn, bevor er es getan, ruhig in
die Luft werfen, er fällt wie ein Stein zu Boden. Wir selbst können
es nun beinahe raten. Auch hier begegnen wir ja den seltsamen
Zitterbewegungen, die wir in der Kälte beim Säugetier und bei
der Biene sahen. Auch hier wird in der Tat durch das Zittern der
starken Flugmuskeln Wärme gebildet, und erst, wenn dies in gehörigem Maß geschehen ist, kann die Reise losgehen. Daher
können Tiere, die in einem Wärmeschrank von 30° eingesperrt
werden, sofort losfliegen. Natürlich ist auch in diesem letzten
Falle die Wärmeregulation nur so zu verstehen, daß der Sinnesapparat des Falters die Wärme wahrnimmt, wenngleich wir noch
keine Ahnung davon haben, wo die wärmeempfindlichen Zellen
zu suchen sind.

8. Die Schwerkraft und ihre Organe

Wie die bläulich schimmernde Wachsschicht als ein hauchfeiner
Überzug die Oberfläche der Pflaume bedeckt, ähnlich bedeckt das
Leben mit einer ganz dünnen Kruste den Leib der Erde. Nur so
tief wie die Wurzeln der Bäume reichen, dringt das Leben in ihren
Schoß hinein, und auch in der Luft sind nur die untersten, der
Erde unmittelbar benachbarten Schichten von Leben erfüllt. Das
allermeiste, was es an Leben gibt, spielt sich an der Grenze zwi-
schen Luft und Erde und Luft und Wasser ab, denn auch die
Weltmeere sind am dichtesten in ihren oberen Schichten bevöl-
kert. Die Kraft, welche diese Grenzen schuf, ist die Schwerkraft,
und hieraus ergibt sich ihre fast unermeßliche Bedeutung für die
Gestaltung des Lebens.

Solange sich ein Organismus auf horizontaler Ebene bewegt, findet er im engeren, geographischen Bereich überall die gleichen Lebensbedingungen. Wandert er aber vertikal, sei es, daß er am Hange eines Berges hinaufklettert oder, wenn er ein Fisch ist, in die purpurne Tiefe des Meeres hinabtaucht, so ändern sich nahezu alle Faktoren, von denen das Leben abhängt: Temperatur, Luftdruck, Licht usw. Daraus ergibt sich, daß es für das Tier von höchster Bedeutung ist, die Richtung, in der es sich bewegt, zu beherrschen. Besonders gilt dies natürlich für alle, die sich frei in ihrem Element tummeln, wie die Fische und die Vögel. Der Fisch muß mit Sicherheit horizontal schwimmen können, er muß aber auch imstande sein, nach unten oder nach oben zu schwimmen, wenn dies das Gebot der Stunde ist. Er kann es in der Tat, weil ihn die Natur mit Sinnesorganen begabt hat, die ihm die Richtung der Schwerkraft anzeigen.

Die Erforschung dieser Sinnesorgane ist dadurch erschwert, daß ihre Erregung mit keinerlei Empfindung gepaart ist, sondern sich nur in unwillkürlichen Bewegungen äußert. Solche Bewegungen kann man natürlich viel besser an Tieren studieren, die sich im Gegensatz zu den Menschen mit dem Messer befragen lassen. Wenn es also keine Fische, Vögel und Kaninchen gäbe, würden wir auch heute sehr wenig von diesen Dingen wissen. Besonders aber sind es die kleinen Tiere, die Wirbellosen gewesen, die durch den überaus klaren und leicht verständlichen Bau ihrer Schwerkraftorgane sehr viel zur Aufklärung des ganzen Problems beigetragen haben. Wir wollen daher mit ihnen beginnen und zunächst den Bau einer sogenannten Statocyste betrachten.

Die Statocyste und ihre Reflexe. Eine solche Statocyste hat alle Eigenheiten einer gut durchdachten technischen Konstruktion, denn sie ist bei aller Einfachheit von vollendeter Zweckmäßigkeit. Im einfachsten Falle besteht sie aus einer Hohlkugel, deren Wand meist ganz und gar von den reizaufnehmenden Sinneszellen ausgekleidet ist. Der Hohlraum selbst ist mit einer Flüssigkeit ausgefüllt, außerdem befindet sich in ihm ein kugliger Stein, der sogenannte Statolith. Er besteht meist aus Kalk, ist daher schwerer als die Flüssigkeit und rollt stets zum tiefsten Punkt der Blase hin.

Bei allen Wirbeltieren, also auch beim Menschen, finden wir an Stelle der einfachen kugligen Statocyste einen ungleich

komplizierteren Apparat, das Labyrinth, der sich aber mühelos auf
die Statocyste zurückführen läßt. Vor allem sind zwei unregelmäßige Hohlräume, der Utriculus und der Sacculus zu sehen,
in deren Innerem typische Statolithen liegen. Von beiden Räumen
gehen gewisse Spezialorgane aus, vom Sacculus das Gehörorgan,
die sogenannte Schnecke, und vom Utriculus die drei Bogengänge,
von denen noch später die Rede sein wird.

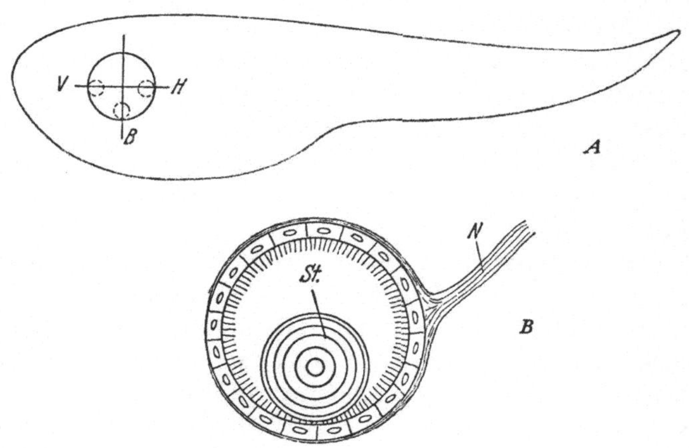

Abb. 46. *A* Schema eines Tieres mit Statocyste, *B* Statocyste allein.
St = Statolith; *V* = Vorderpol; *H* = Hinterpol; *N* = Nerv; *B* = Bauchpol

Durch den Bau der Statocyste ist natürlich in jeder beliebigen
Raumlage des Tieres die Schwerkraftrichtung gegeben. Man
braucht, um sie festzustellen, nur den Mittelpunkt der Blase mit
dem Punkt zu verbinden, in welchem der Statolith die Blasenwand
berührt.

In bezug auf den Körper kann man an der Statocyste eine
Reihe von bevorzugten Punkten unterscheiden, einen Vorderpol,
einen Hinterpol, einen Bauchpol usw. Jetzt haben wir alle Daten
beisammen, um das Funktionieren des ganzen Apparates zu begreifen. Wenn das Tier senkrecht nach oben schwimmen will,
braucht es sich nur so einzustellen, daß der Statolith den Hinterpol
der Blase berührt (Abb. 46). Es fällt jetzt die Senkrechte, die
vom Blasenmittelpunkt zum Berührungspunkt zieht, offenbar
mit der Längsachse des Körpers zusammen. Hält das Tier während

des Schwimmens diese Stellung inne, so kommt es mit mathematischer Gewißheit nach oben. Will es in die Tiefe schwimmen, so muß es sich so lange drehen, bis der Statolith den Vorderpol der Sinnesblase berührt, will es aber horizontal schwimmen, so muß der Bauchpol der Blase den Druck des Statolithen wahrnehmen. Statocyste und Labyrinth dienen aber dem schwimmenden oder fliegenden Tiere noch zu einer anderen Leistung, die

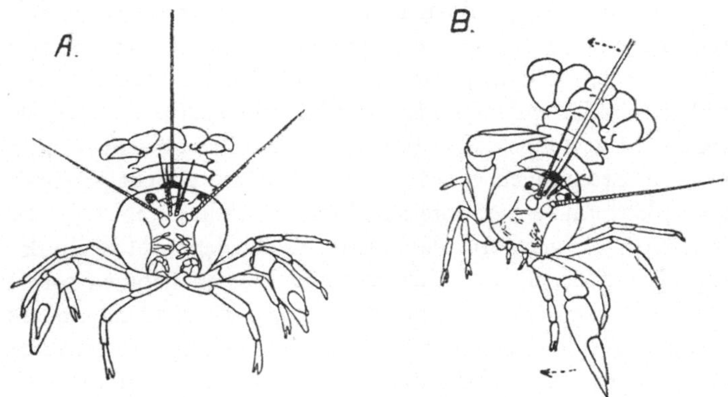

Abb. 47. Gleichgewichtsreflexe des Flußkrebses nach *Kühn*. *A* Haltung des normalen Tieres bei senkrechter Lage, *B* bei Schieflage, die Beine der tiefer liegenden Seite rudern.

man gewöhnlich als die Erhaltung des Gleichgewichts bezeichnet. Man kann sich sehr leicht davon überzeugen, daß jedes Tier, das sich frei in seinem Element bewegt, die Mittelebene seines Leibes, welche denselben in seine zwei spiegelbildlichen Hälften zerlegt, senkrecht hält. Es stellt sich also symmetrisch zur Schwerkraft ein. Auch dies geschieht mit Hilfe der Statocysten, deren Statolith auch im Querschnitt betrachtet jederseits einen bestimmten Normalpunkt der Blasenwand berühren muß. Tritt zufälligerweise eine Schiefstellung ein, so erzeugt der Berührungsreiz des Steines an der neuen Stelle des Sinnesepithels sofort eine Gegenbewegung, die dem Tiere die normale senkrechte Haltung seiner Mittelebene wiedergibt (Abb. 47).

Man darf sich nun aber beileibe nicht vorstellen, daß das Tier die geschilderten Bewegungen durch Empfindungen reguliert, daß es etwas merke, wenn der Statolith falsch liegt und sich dann so lange dreht, bis es gewahr wird: Aha! jetzt liegt der Stein richtig, ich schwimme folglich horizontal! Wo schon beim Menschen in dieser ganzen Sinnessphäre die Empfindungen ausgeschaltet sind, kann es als sicher gelten, daß dies bei Fisch, Krebs oder Tintenfisch erst recht der Fall sein wird. Alles geschieht durch unbewußte reflektorische Bewegungen.

Nehmen wir also einmal an, ein Fisch würde durch irgendeine äußere Gewalt, sei es, daß ein anderer Fisch ihn anstößt oder eine Welle ihn packt, auf die linke Seite geworfen, so braucht er sich nicht lange zu besinnen, ob er will oder nicht, verändern die Statolithen im Utriculus ihre Lage und drücken auf andere Sinneshaare als sonst. Ohne daß es dem Fisch zum Bewußtsein kommt, fließen die Erregungen von diesen normalerweise nicht gereizten Sinneszellen zum Nervensystem und setzen sich in Erregungen der motorischen Nerven fort, die zu den verschiedenen Muskeln des Rumpfes und der Flossen führen. Die Flossen nehmen sofort eine schiefe Lage ein, die eine spreizt sich, während die andere sich anlegt, und im Nu ist der Fisch wieder in seine alte gewohnte Stellung gekommen, bei der die beiden Körperseiten gleich hoch im Wasser liegen.

Die Behauptung, daß die Wahrnehmung der so geheinmisvollen Schwerkraft durch den Druck eines Steinchens auf ein paar Sinneshaare geschieht, ist manchen Naturforschern zu einfach vorgekommen, und da es außerdem manche Organismen gibt, die auch ohne solche Apparate sich ganz gut im Raume zurechtfinden, so ersann man allerlei andere Hypothesen. Indessen ist es glücklicherweise durch einen genialen Einfall des österreichischen Forschers *Kreidl* möglich gewesen, die Statolithenfrage aus den Wellen der Hypothesen auf das feste Land der Tatsachen zu retten: Zu den zehnfüßigen Krebsen zählen außer dem schwerfälligen Hummer und dem Flußkrebs auch die schnellen Garneelen, die den meisten Menschen allerdings nicht lebendig, sondern nur in der Form der beliebten „Krabbenschwänze" bekannt sind. Bei allen diesen Tieren öffnen sich die am Grunde des ersten Fühlerpaares gelegenen Statocysten durch einen feinen Spalt nach außen. Die Statolithen wachsen hier dementsprechend nicht im Innern, sondern sind Fremdkörper, kleine Sandpartikel etwa, die sich das Tier selbst mit seinen feinen Scheren in den Spalt einführt. Es geschieht dies jedesmal nach der Häutung, denn bei dieser wird mit der alten Haut auch die gesamte Statolithenmasse abgestreift. *Kreidl* kam nun auf den glücklichen Gedanken, den Krebsen, die sich gerade häuten wollten, statt Sand ganz feine Eisenfeilspäne ins Aquarium zu tun. Den Krebsen bleibt jetzt gar nichts anderes übrig, als sich ihre Statocysten mit solchen Eisenteilchen vollzustopfen, denen der Naturforscher nunmehr mit einem Magneten zu Leibe rücken kann. Man muß sich nun vorstellen, wie es einem solchen Krebs zumute ist, dem man einen Magneten gerade über den Rücken hält, während er auf ebenem Boden sitzt. Die eisernen Statolithen fliegen sofort nach oben und drücken gegen die Sinneshaare, die sich an der Rückenwand der Sinnesblase befinden. In genau derselben Lage befinden sie sich aber bei einem normalen Krebs, der auf den Rücken gefallen ist, nur daß die Erdschwere sie nach unten zieht, während sie hier der Magnet nach oben reißt. Ist die Statolithenhypothese richtig, so ist also zu erwarten, daß beide Krebse auch das gleiche tun werden. Dies machen sie nun in der Tat: beide drehen sich um. Der normale, auf den Rücken gefallene, stellt sich dabei wieder auf die Füße, der mit den eisernen Statolithen, der vorher auf seinen Füßen stand, verläßt diese Lage und legt sich auf den Rücken.

An einem auf die Seite geworfenen Fische wird der aufmerksame Beobachter neben dem Spiel der Flossen noch etwas anderes wahrnehmen. Die Augen etwa eines Goldfisches stehen ziemlich genau nach der Seite. Nehme ich aber das Tier in die Hand und drehe es langsam um seine Längsachse, bis es auf der linken Seite liegt, und betrachte es nun vom Rücken her, so sehe ich, daß sich die Augen auf die Wanderschaft begeben haben: das rechte, jetzt obere, sieht nach dem Bauche zu, das linke dagegen hat sich nach dem Rücken zu gedreht, so daß ich die große schwarze Pupille deutlich erkennen kann (Abb. 48). Solange man den Fisch in dieser Lage läßt, behalten auch die Augen ihre charakteristische Stellung bei. Auch ist es leicht, sich davon zu überzeugen, daß zu jeder Stellung, die der Fisch im Raume einnehmen kann, eine ganz genau festgelegte Stellung seiner Augen zum Kopfe gehört. Jede Bewegung, bei welcher der Fischkörper seine Raumlage in

irgendeinem Sinne verändert, wird sofort automatisch durch eine
Gegenbewegung wieder wettgemacht, die das Auge ausführt. Der
Erfolg dieser merkwürdigen Beziehung zwischen beiden Sinnes-
organen ist, daß das Auge, mindestens bei allen kleineren Bewe-
gungen, seine Stellung im Raume, also sein Blickfeld beibehält.
Bei uns geschieht dasselbe, aber auf optischem Wege.

Verweilen wir noch einen Augenblick bei den höchststehenden
Organismen, den Säugetieren und dem Menschen. Wir haben
unseren ganzen komplizierten Sinnesapparat von unseren fisch-
artigen Vorfahren übernommen. Für sie und ihre Lebensweise,

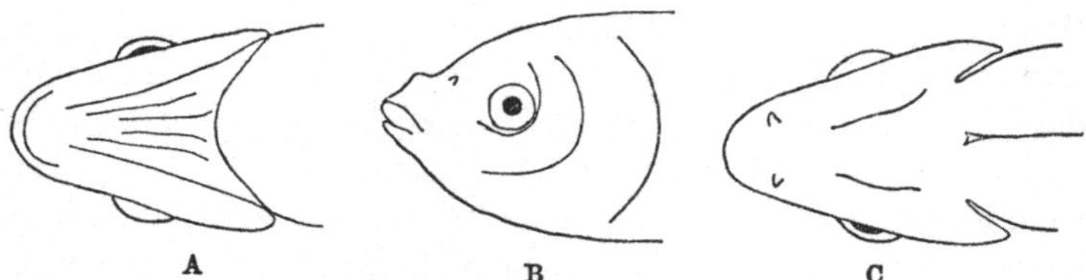

Abb. 48. Augenstellreflex des Goldfisches. *A* Tier auf der rechten
Seite liegend vom Bauche gesehen, *B* normale Haltung, *C* auf der
linken Seite liegend vom Rücken gesehen. Original.

nicht für uns, sind Auge und Labyrinth ursprünglich gebaut.
Der Übergang zum Landleben hat mannigfache Veränderungen
in beiden Sinnessphären zur Folge gehabt. Von den bei den
Fischen so präzise arbeitenden Labyrinthreflexen ist beim Menschen vieles in Wegfall gekommen, aber auch bei unseren vier-
füßigen Verwandten hat sich sehr vieles umgestaltet. Beim Fisch
ist der Kopf fest an den Rumpf gefügt, beim Säugetier ist er
durch den Hals so beweglich, wie es nur geht, mit ihm verbunden.
Der Hund muß seinen Kopf nach allen Seiten frei bewegen
können. Bald wird am Boden geschnuppert, bald die Nase hoch
in die Luft gehoben, wenn es oben etwas zu wittern gibt, bald
gilt es einen lästigen Floh zu vertreiben, der sich irgendwo am
Körper des Hundes zu schaffen macht. Soll der Kopf diese vielfältigen Aufgaben bewältigen, so kann er sich nicht um das
Labyrinth kümmern, das er mit sich herumträgt. Die beim Fisch
in der Regel gültige Bedingung, daß das Labyrinth eine gewisse
Normalstellung im Raume einzunehmen hat, ist also hier meistenteils hinfällig geworden. Dafür sind eine Reihe höchst sonderbarer

Reflexe zwischen Kopf und Hals und zwischen Kopf und Beinen
in Erscheinung getreten. Wenn der Kopf und damit das Labyrinth seine Lage im Raume verändern, ändert sich, ohne daß
dies dem Tiere irgendwie zum Bewußtsein kommt, auch die Mus-
kelkraft, die bestrebt ist, die Beine zu strecken, der sogenannte
Strecktonus. Er ist klein, wenn die Schnauze tief und der Nacken
hoch steht, groß wenn die Schnauze höher als der Nacken zu
liegen kommt.

Die biologische Bedeutung dieser Reflexe ist unschwer zu erkennen. Wenn Katze oder Hund mit der Schnauze irgend etwas

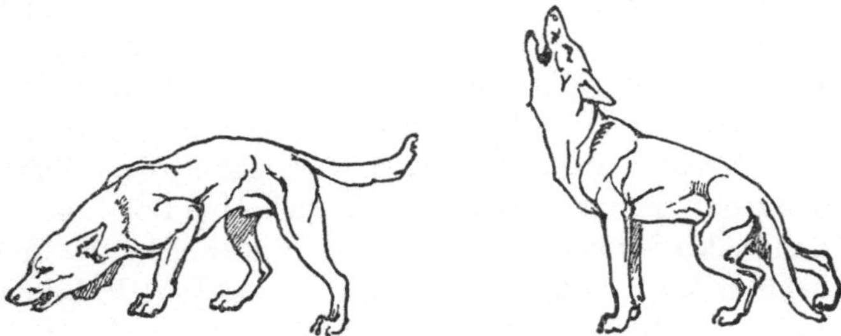

Abb. 49. Hund in verschiedener Stellung zur Demonstration der
Abhängigkeit der Glieder vom Kopf und Hals.

erreichen wollen, so genügt es meist nicht, daß Kopf und Hals
allein bewegt werden. Der Hund kann aus der Milchschüssel nur
dann trinken, wenn er zugleich die Vorderbeine einknickt und den
Hals abwärts biegt. Mit gestreckten Vorderbeinen würde er, da
der Hals zu kurz ist, nie in den Genuß der begehrten Speise kommen (Abb. 49). Das Zustandekommen der bekannten Körper-
haltung beim Trinken stellen wir uns gewöhnlich so vor, daß das
Tier durch einen Willensakt Hals und Vorderbeine im richtigen
Sinne bewegt, aber mit dieser Annahme irren wir uns. Die Natur
ist stets darauf aus, den Willen zu entlasten und ihn nur dann in
Anspruch zu nehmen, wenn es nicht anders geht. Solche einfachen Koordinierungen, wie wir sie hier sehen, werden durch
Reflexe sichergestellt.

Wie die Katze vom Dach fällt. Katzen, Kaninchen, Hunde, Affen,
Frösche und viele andere Tiere kann man in Rückenlage frei
herunterfallen lassen, ohne sie zu schädigen. Sie verstehen es, sich
mit außerordentlicher Geschwindigkeit während des Fallens so

umzudrehen, daß sie mit den Füßen voran zu Boden kommen. An sich kannte man diese Erscheinung schon lange. Die Wissenschaft vermochte sich mit ihr aber erst zu beschäftigen, als sich durch die Erfindung der Kinematographie die Möglichkeit ergab, die Fallbewegung zu analysieren. Die erste Untersuchung hierüber regte die Pariser Akademie der Wissenschaften im Jahre 1894 an. Man stellte hierbei vor allem fest, daß es sich nicht um einen sogenannten Salto mortale handelt, wie ihn die Artisten im Zirkus ausführen, sondern um eine präzise Einstellung im Raume. Beim Salto gibt sich der Mann einen solchen Schwung, daß er sich in der Luft gerade einmal um seine eigene Achse drehen kann, bevor er zu Boden kommt. Zu dieser Leistung muß er genau wissen, wie tief er fällt. Man ließ nun eine Katze in einen schwarzen Schacht fallen, deren Tiefe sie nicht kannte, und beobachtete auch jetzt ihr richtiges Zubodenkommen bei jeder Fallhöhe.

Der Akrobat stößt sich beim Salto mortale vom Boden ab und gibt sich so den Schwung, die Katze tut dies aber nicht. Sie dreht sich beim Fallen auch um, wenn man sie an ein paar Fäden aufhängt, die man dann plötzlich durchschneidet. Sie muß sich also während des Fallens umdrehen. Es zeigt sich hierbei zunächst, daß das Labyrinth für das Sichumdrehen in der Luft notwendig ist. Tiere, denen man beiderseits dieses wichtige Sinnesorgan entfernt hat, plumpsen wie Mehlsäcke in beliebiger Haltung zu Boden. Sowie das normale Tier merkt, daß es den Boden verliert, tritt der sogenannte Kopfstellreflex ein, der den Kopf in die normale Haltung mit dem Scheitel nach oben bringt. Durch diese erste Reflexbewegung wird natürlich der Hals verdreht, da der Rumpf noch zunächst die Rückenlage beibehält. Es schließt sich nunmehr der Halsstellreflex an, der bewirkt, daß der Hals und anschließend der Brustkorb dem Kopf folgen und beide wieder die richtige Haltung in bezug auf den Kopf einnehmen. Endlich folgt auch der Hinterkörper. Wir haben es also mit einer sehr schnell ablaufenden, schraubenförmigen Bewegung des ganzen Körpers zu tun, die vom Kopf ihren Ausgang nimmt.

Würde die Katze aber nur diese Bewegungen ausführen, so würde sie nie im Leben richtig unten ankommen. Es gibt nämlich in der Physik ein Gesetz, welches besagt, daß ein freischwebender Körper seine Lage im Raum mit großer Hartnäckigkeit beibehält.

Hänge ich mich z. B. an einem Seil ans Turngerüst und schwinge
meinen rechten Arm nach rechts, so ist der Erfolg, daß sich mein
ganzer Körper um ein entsprechendes Maß nach links dreht, so
daß also alles beim alten bleibt. Um trotz dieses Gesetzes die be-
schriebene Drehung ausführen zu können, muß die Katze mit Vor-
der- und Hinterbeinen eine Reihe recht komplizierter Bewegungen
ausführen, die im einzelnen noch nicht völlig analysiert, im
Film aber doch gut zu sehen sind.

Man ersieht hieraus, daß die Katze
eigentlich Physik studieren müßte, bevor sie einen solchen Fall riskieren
kann, und wir erkennen von neuem
die erstaunliche Weisheit der Natur. Sie
zwingt die Kreatur zu einer Handlung,
die sie bewußtermaßen mit Aufbietung
ihres ganzen Verstandes niemals voll-
bringen könnte.

Die Bogengänge. Die Bogengänge, die,
wie wir sahen, lediglich bei den Wirbeltieren zu finden sind, arbeiten nach
einem ganz anderen Prinzip als der Utriculus. Dieser reagiert auf die Schwerkraft, die Bogengänge würden auch zur
Geltung kommen, wenn es überhaupt
keine Schwerkraft gäbe. Sie suchen den
Organismus nicht in eine bestimmte
Lage zur Erde einzustellen, sondern

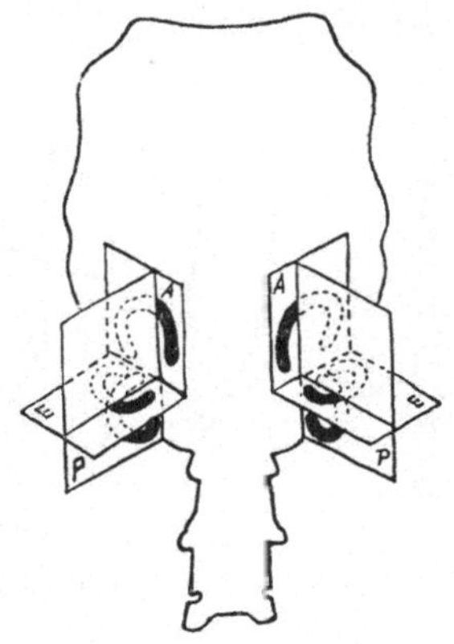

Abb. 50. Raumlage der
Bogengänge bei der Tau-
be. Der Schädel ist von
hinten gesehen. *A* Canalis
anterior, *E* Canalis ex-
ternus, *P* Canalis posterior.
Nach *Ewald.*

ihn in der Lage festzuhalten, die er nun einmal einnimmt. Da aber
der Utriculus mit seinen Statolithen dafür sorgt, daß das Tier,
sagen wir der Fisch, seine Normallage zur Schwerkraft beibehält,
so folgt hieraus, daß die Bogengänge letzten Endes dazu da sind,
die Statolithenorgane in ihrer Wirkung zu unterstützen. Sie haben
den Wert einer technischen Verbesserung des ganzen Systems.

Daß die drei Bogengänge etwas mit der Orientierung im Raume
zu tun haben, zeigen sie in der aufdringlichsten Form, denn sie
sind in drei Ebenen angeordnet, die aufeinander senkrecht stehen,
also den gesamten dreidimensionalen Raum repräsentieren (siehe
Abb. 50). Trotz dieser sehr klaren Beziehung hat es recht lange

gedauert, bis man hinter ihr Geheimnis gekommen ist. Als erster machte der französische Forscher *Flourens* (1824) auf die Bogengänge aufmerksam, aber erst 50 Jahre später vermochte *Breuer* eine Hypothese zu entwickeln, die den Kern ihres Wesens enthüllte.

Um die Bogengänge von Grund auf zu begreifen, wollen wir uns für einen Augenblick in die Kinderstube begeben. Die Kinder sind gerade dabei, auf der Waschschüssel Schiffchen schwimmen zu lassen, gefertigt aus Nußschalen und Streichhölzern. Eines davon segelt auf der entgegengesetzten Seite und, um es näher an sich heranzubringen, dreht das eine Kind die ganze Waschschüssel schleunigst um 180°. Aber es erreicht damit gar nichts. Die Waschschüssel konnte es drehen, aber das Wasser in ihr ist infolge seines Beharrungsvermögens dort geblieben, wo es war, und so schwimmt das Schiffchen noch immer hinten.

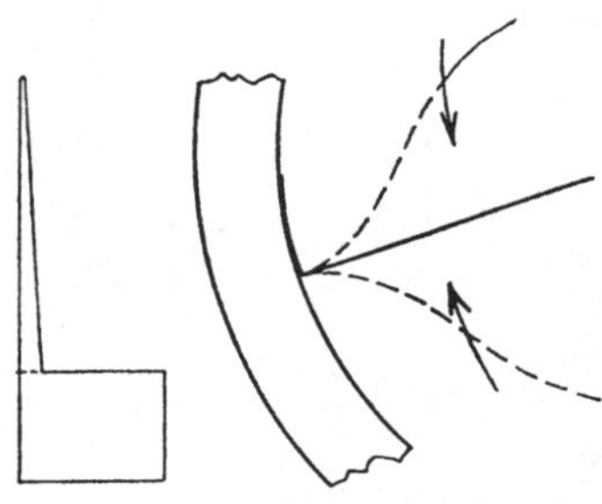

Abb. 51. Modellversuch zur Funktion der Bogengänge. Näheres Text.

Jetzt wollen wir aber selbst etwas mit der Waschschüssel spielen. Aus schwarzem Papier schneiden wir uns einige Stücke, wie sie hier gezeichnet sind, und knicken sie längs der kurzen punktierten Linie um. Wir kleben sie dann mit dem breiten Ende an die Wand der Schüssel, so daß die langen schmalen Enden im Wasser flottieren. Wir warten jetzt einen Augenblick, bis sich das Wasser beruhigt hat, und drehen jetzt die Schüssel mit einem gewissen Ruck nach rechts oder links (Abb. 51). Siehe da! Unsere Papierstreifen werden heftig nach einer Seite abgebogen. Da nämlich die Wanne gedreht wurde, das Wasser aber diese Drehung nicht mitmachte, hat eine Verschiebung des Wassers gegenüber der Schüssel stattgefunden, als deren Folge das Abbiegen der Papierstreifen sich ergibt.

Mit diesem Spielzeug haben wir ein sehr einfaches Modell für unsere Bogengänge gewonnen. Jeder von ihnen trägt am Ende eine kleine Erweiterung, die sogenannte Ampulle. In sie hinein ragt ein Schopf verklebter Sinneshaare, die Cupula terminalis. Der ganze Kanal ist mit einer wäßrigen Flüssigkeit gefüllt, die, wenn wir den Kopf ein wenig drehen, genau so reagiert wie das Wasser in der Wanne. Sie sucht, gemäß ihrem Beharrungsvermögen, die alte Stelle im Raum zu bewahren, während der Kanal selbst sich verschiebt, und so kommt bei jeder Kopfdrehung ein Abbiegen des Sinnes-Haarschopfes in der Cupula zustande, der dem Gehirn als Reiz gemeldet wird. Das Gehirn antwortet dann mit einer Gegendrehung des Kopfes, so daß seine alte Lage im Raum wiederhergestellt wird. Dies ist das einfache Prinzip der Bogengänge.

9. Die propriorezeptiven Sinneselemente

Unsere Sinne sind keineswegs einzig und allein darauf eingestellt, Reize von der Außenwelt zu empfangen. Unser Körper selbst ist eine in sich geschlossene Welt, ein Mikrokosmos, von dessen einzelnen Teilen fortwährend Meldungen zum Gehirn laufen. Die Propriorezeptoren, von denen diese Meldungen ausgehen, sind mechanisch erregbare Elemente, die in der Haut, in den Muskeln und in den Sehnen sich befinden.

Der Lagesinn. Das bekannteste Beispiel ist der Lagesinn. Ebenso wie der General in der Schlacht wissen muß, wo seine Regimenter und Abteilungen stehen, damit er sie richtig einsetzen kann, ebenso muß das Gehirn, dem die Leitung des ganzen Körpers obliegt, genau darüber informiert sein, was seine einzelnen Glieder tun und wo sie sich befinden. Aus dieser Fähigkeit erklärt es sich, daß ein jeder mit geschlossenen Augen sofort sagen kann, wie er seinen Arm oder seine Hand hält und zwar nicht nur so ungefähr, sondern ganz genau. Die Krümmung jedes einzelnen Fingers ist ihm bekannt, die Drehung des Handgelenks, die Winkelung des Ellenbogens. Daß alle diese Dinge in unser Bewußtsein eintreten, ist vielleicht weniger bedeutungsvoll. Wenn wir aber nach einem Gegenstande greifen wollen, dann hängen die auszuführenden Bewegungen, wie selbstverständlich ist, nicht nur von dem Ort dieses Gegenstandes ab, sondern auch von der Anfangsstellung des Armes und der Hand. Die Sicherheit unseres Griffes ist daher nur dadurch möglich, daß das Gehirn in jedem Augenblicke die Stellung der Glieder kennt und nach ihr die Bewegung der einzelnen Muskeln ermißt. Das Greifen setzt aber im einzelnen noch viel mehr voraus. Die Hand eines

Erwachsenen vermag mit Leichtigkeit die Nasenspitze, das linke Ohr, das Knie oder jeden anderen Körperteil zu berühren. Diese Fähigkeit, ohne die wir nur schlecht leben könnten, ist uns nicht vom Himmel gefallen. Unzählige Stunden unserer unbekümmerten Jugendzeit haben wir dazu benutzt, unseren eigenen Körper mit solchen Greifbewegungen zu studieren. Erst will es gar nicht so recht gehen. Beim Baby weiß das ungeschickte Händchen noch nicht, die freche Fliege zu vertreiben, die sich ihm mitten auf die Stirn gesetzt hat. Erst ganz allmählich, Schritt für Schritt, wächst mit der Erfahrung die Sicherheit. Noch verwickelter liegen die Dinge, wenn man nach einem beweglichen Gliede greift. Will ich mein rechtes Knie berühren, so hängt das, was mein Arm tut, ganz davon ab, wo sich mein Knie gerade befindet. Wenn das Bein weniger gebeugt ist, muß ich den Arm weiter ausstrecken, als wenn es stark angezogen ist. Auch diese Bewegungen machen dem Erwachsenen gar keine Schwierigkeit, er beherrscht sie auch in vollkommener Finsternis. In den Plänen unseres Gehirns, die wir, anscheinend in müßiger Tendelei, in Wahrheit aber in lebensnotwendiger Arbeit fertigten, als wir im Bette unserer Kindheit mit unseren Gliedern spielten, sind alle Möglichkeiten vorgesehen. Das Knie meldet dem Gehirn durch die Sinneselemente der dehnbaren Haut unseres Schenkels, wo es gerade ist, und das Gehirn bestimmt nach dieser Meldung, wieviele und welche Erregungen den Armmuskeln zugehen müssen, damit sich der Arm richtig bewegt.

Das Entfernungsmessen. Wenn irgendein Gegenstand unsere Aufmerksamkeit erregt, so vermögen wir sofort und ohne jede Erfahrung die Augen so zu drehen, daß das Bild dieses Gegenstandes genau auf die Fovea centralis unserer Netzhaut projiziert wird, die Stelle, mit der wir die deutlichsten Bilder sehen. Jedes Auge wird dabei von sechs Muskeln bewegt, die einen überaus empfindlichen Muskelsinn besitzen müssen. Die Verkürzung jedes einzelnen Muskels hängt nämlich, wie leicht einzusehen ist, nicht nur von der Netzhautstelle ab, die zuerst das Bild empfing, sondern außerdem noch von der Lage, die das Auge in diesem Moment zum Kopfe einnahm. Ebenso wie diese Handlung, die wir ständig ausführen, vom Muskelsinne abhängt, vermögen wir nur mit seiner Hilfe die Entfernung der uns umgebenden Dinge zu beurteilen. Der Einäugige gießt bekanntlich sehr oft den Tee hinter oder vor seine Tasse, er ist in weiten Grenzen daran behindert, die Entfernung der Tasse richtig zu werten, und wir lernen daraus, daß das Zusammenspiel beider Augen zu dieser Leistung gehört. Was wir dabei eigentlich tun, das kann man sich am einfachsten klarmachen, wenn man sich das Schießen auf einem

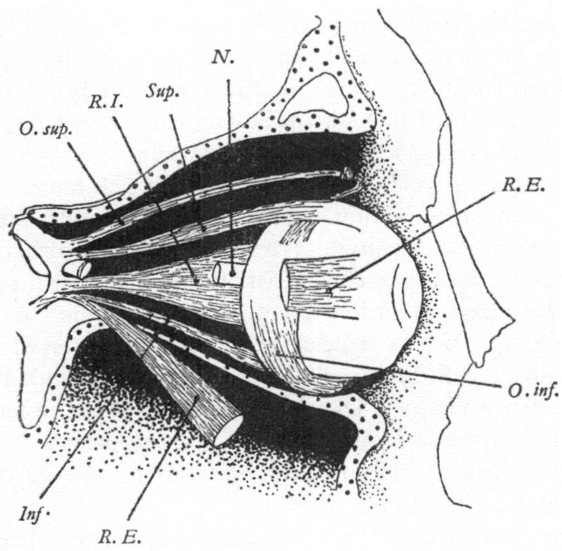

Abb. 52. Auge und Augenmuskeln des Menschen. *N* Augennerv, *R.E.* Rectus exterior, *R.I.* Rectus interior, *Sup.* Rectus superior, *Inf.* Rectus inferior. *O. sup.*, *O. inf.* Obliquus superior und inferior.

Kriegsschiff ansieht. Das feindliche Schiff, dem es gilt, wird mit dem Entfernungsmesser untersucht, einem langen Rohr, an dessen beiden Enden die optischen Apparate sitzen, mit denen das Schiff visiert wird. Aus dem Winkel, den die Achsen beider Instrumente miteinander bilden, berechnet sich die Entfernung des Objekts und die Überhöhung des Geschützlaufes.

Ganz ebenso machen wir es. Unsere Entfernungsmesser sind die Augen, die wir durch unsere sechs Paar Augenmuskeln so zu drehen wissen, daß beide nach dem Ziel sehen. Maßgebend für die Entfernung ist der Winkel der beiden Augenachsen. Aber das

Gehirn kann ihn nicht direkt messen, sondern es prägt sich die Verkürzung der sechs Muskeln ein, welche das Auge bewegen. Kenntnis hiervon bekommt das Gehirn selbstverständlich wiederum durch die mechanischen Sinnesendigungen, die in den Augenmuskeln selbst oder in ihren Sehnen sitzen.

Alle Wirbeltiere mit beweglichen Augen verfahren nach diesem Prinzip. Auch das Chamäleon, das die Fliege mit der blitzschnell vorgeschleuderten Zunge schießt, muß zuvor seine beiden Augen auf die Fliege richten und sich von seinen Augenmuskeln darüber belehren lassen. wie weit die Fliege entfernt ist.

In sehr vielen Fällen ist eine Kombination dieses Augenmuskelsinnes mit dem unserer Glieder notwendig.

Kaum einer weiß, welche Geheimnisse sich hinter dem Steinwurf nach einem bestimmten Ziele verbergen. Der Steinwurf ist heute etwas aus der Mode gekommen. Für die meisten Menschen ist es heute wichtiger, daß sie richtig und dauerhaft auf dem Büroschemel sitzen. Aber in den langen Perioden, die unserer Kultur vorangingen, war es vielleicht eines der wichtigsten Erfordernisse des Lebens, daß man den Stein meisterte und mit ihm den Gegner zu treffen wußte, wie David den Goliath. Daher kommt es vielleicht, daß gerade der hierbei tätige Sinnesapparat von unerhörter Raffiniertheit ist. Die Bewegungen unseres Armes beim Wurf lenken wir mit unseren Augen.

Der geschickte Werfer oder auch der Pistolenschütze ist sofort in der Lage, den Arm so vorzuschleudern, daß die Hand in die Visierlinie gelangt, so daß jetzt Ziel, Hand und Auge in einer Linie gelegen sind.

Auf dieser Leistung beruht die Sicherheit des Schusses und des Wurfes. Sie ist uns nicht angeboren, so wenig wie die Fähigkeit der Entfernungsschätzung. Das Kind greift nach dem Vollmond und muß sich erst durch längere Erfahrung zu der Einsicht durchkämpfen, daß seine Mühe vergeblich ist. Immerhin lernt man das einfache Entfernungsschätzen ziemlich schnell, die komplizierte Wurfhandlung bedarf dagegen jahrelanger Übung, und so ist es begreiflich, daß selbst zehnjährige Kinder mitunter noch sehr unbeholfen im Werfen sind.

Sehr oft kombinieren wir auch den Muskelsinn mit dem Tastsinn. Man kann bekanntlich auch im Dunkeln recht gut feststellen, welche Form irgendein Gegenstand besitzt. Wir machen dies so, daß wir mit der Hand an diesem Gegenstand entlang fahren und lesen es dann von den runden oder eckigen Bewegungen unserer Hand ab, ob uns ein kugeliges oder würfelförmiges Gebilde zwischen den Fingern ist. Ebenso verfahren wir, wenn wir durch Abtasten die Größe eines Gegenstandes feststellen

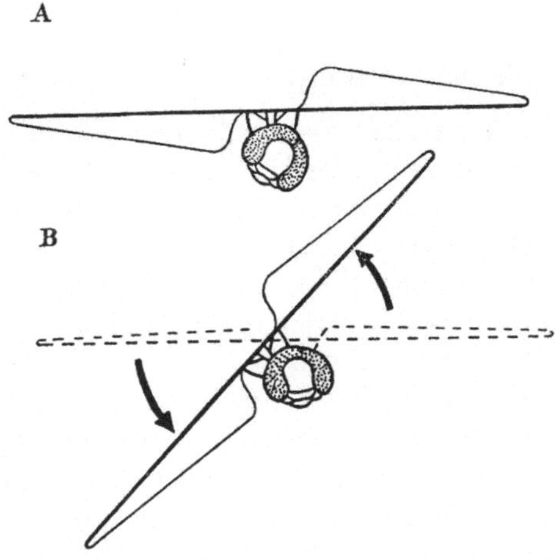

Abb. 53. Libelle von vorn gesehen, schematisch. *A* Kopf passiv verdreht, als Folge tritt Verwindung der Flügel ein. *B* Körper durch kurzen Stoß gekippt, Kopf behält seine Lage, die Flügel zeigen Verwindung. Gestrichelt: Normale Flügellage. Nach *Mittelstaedt*.

wollen. Es ist jetzt das Ausmaß der Bewegung, das uns, auf Grund früherer Erfahrungen, belehrt.

Man hat lange Zeit geglaubt, daß die Propriorezeptoren ein Vorrecht der Wirbeltiere seien. Heute wissen wir, daß diese Apparate auch bei zahlreichen Wirbellosen zu finden sind, wahrscheinlich fehlen sie nirgends. Ein besonders schönes Beispiel liefern die Libellen. Bekanntlich sind diese Tiere die elegantesten Flieger unter den Insekten. Sie stehen in ihren Flugkünsten keinem Vogel nach. Aber im Gegensatz zu diesem besitzen sie keine Gleichgewichtsorgane. Sie helfen sich mit ihren Propriorezeptoren. Der sehr große Kopf mit den riesigen Augen ist bei der Libelle nur durch einen ganz dünnen Hals mit dem Körper verbunden. Wenn ein Windstoß den Körper und die Flügel schräg stellt, bleibt der Kopf infolge seines Beharrungsvermögens unbewegt im Raume stehen. Dadurch wird der Hals verdreht und die Propriorezeptoren, die sich am Hinterkopf unterm Halse befinden, erleiden eine Erregung. Durch eine von ihnen ausgehende Reflexbewegung tritt eine Verwindung der Flügel ein und die Normallage wird im Bruchteile einer Sekunde wieder hergestellt.

10. Das Zusammenwirken der Sinne

Der Mensch kann sein wo er will, stets stürmen eine große Menge der verschiedensten Reize auf ihn ein, und erst ihr buntes und wechselvolles Zusammenspiel ergibt die Reizsituation, die in jedem Augenblick unseres Lebens auf unsere Seele einwirkt. Es ist daher eine der wichtigsten Fragen unseres Sinneslebens überhaupt, wie alle diese gleichzeitig auf den Plan tretenden Reize zueinander stehen. Sie ist aber mit einem Wort so wenig zu beantworten wie etwa das Zueinander der Menschen in unserem Lebenskreise, denn hier wie dort gibt es Freunde, Feinde und solche, deren Sphären sich nicht berühren. Wir werden daher eine Reihe verschiedener Möglichkeiten ins Auge fassen müssen.

Die doppelte Sicherung. Das Prinzip der doppelten Sicherung ist jedem Techniker bekannt. Wenn der Ingenieur das Funktionieren einer Maschinerie unter allen Umständen sicherstellen will, dann läßt er zwei oder mehrere vollkommen voneinander unabhängige Apparate arbeiten, so daß, wenn der eine versagt, immer noch die anderen den richtigen Gang der Dinge garantieren. Die Natur hat aber dieses Prinzip schon viele Jahrmillionen vor dem Menschen erfunden. Um eine biologisch wichtige Handlung sicherzustellen, wird häufig nicht nur ein Reiz angewandt, der diese Handlung erzwingt, sondern deren zwei oder deren mehrere. Wenn durch irgendeinen Zufall der eine Reiz nicht in gehörigem Maße zur Geltung kommt, so sind immer noch die anderen da, die von sich aus und durchaus unabhängig die Ausführung der betreffenden Handlung garantieren. Am drastischsten ist diese Zusammenarbeit verschiedener Sinne vielleicht beim Sexualakt, wo die mannigfachsten Sinneseindrücke eine Garantie dafür bieten, daß eine fruchtbare Vereinigung zustandekommt.

Einen sehr viel einfacheren Fall bietet die schon früher besprochene Gleichgewichterhaltung der Garneelen. Wenn ein solcher Krebs im freien Wasser schwimmt, erhält er sein Gleichgewicht einmal durch die Statocysten, die ihn zwingen, den Bauch der Erde zuzukehren. Das Tier unterliegt aber zugleich dem Zwange, den Rücken dem Licht darzubieten, das von oben ins Wasser fällt. Man sieht: Lichtreiz und Schwerereiz bewirken beide dasselbe. Das Verhalten des Tieres wird daher gar nicht gestört, wenn ich ihm das Licht wegnehme oder, wenn ich ihm

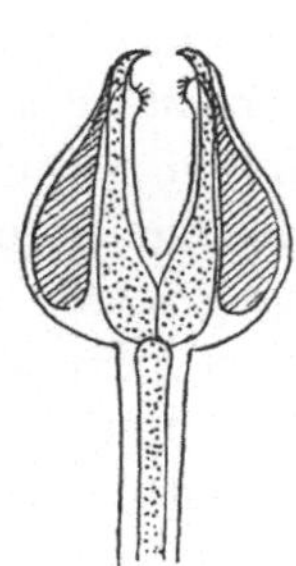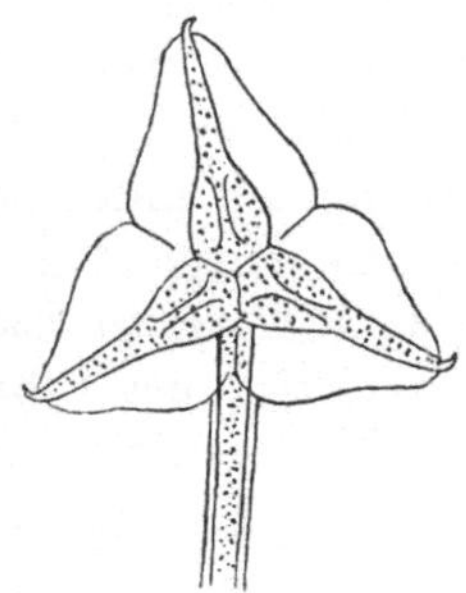

Abb. 54. Giftpedicellarie eines Seeigels, links geschlossen, rechts geöffnet.

seine Schweresinnesorgane wegoperiere. Die Bauchlage während des Schwimmens ist also doppelt gesichert.

Nicht zu verwechseln mit dieser Erscheinung ist die freilich um vieles seltenere, daß zum Zustandekommen einer Handlung zwei verschiedene Reize notwendig sind. Das heißt, es geschieht nichts, wenn nur Reiz A wirkt und ebensowenig, wenn nur B allein tätig ist. Erst wenn A und B zugleich in Erscheinung treten, wird die Handlung ausgeführt. Das folgende Beispiel möge dies veranschaulichen. Auf den Schalen des Seeigels gibt es zwischen den Stacheln höchst merkwürdige kleine Greifzangen, die sogenannten Pedicellarien. Wenn die Haut des Seeigels irgendwie gereizt wird, gebärden sich diese winzigen Schutzpolizisten sehr aufgeregt! Sie reißen die Mäuler auf, fahren wild umher und verbeißen sich in alles, was zwischen ihre scharfzähnigen Zangen gerät. Reservierter verhalten sich nur die Giftpedicellarien (Abb. 54). Sie sind die ernsthaftesten Abwehrwaffen des Seeigels und dürfen nur verwendet werden, wenn ein Feind naht: ein Seestern oder eine Raubschnecke. Solch ein Feind wird, wie wir gesehen haben, meist gewittert. Außerdem muß er aber auch greifbar sein und daher ist es so eingerichtet, daß die Giftzangen nur ansprechen, wenn sie chemisch und mechanisch zugleich gereizt werden. Dies geschieht aber nur, wenn ein faßbarer Körperteil des Feindes zwischen ihre Zangen gerät. Man kann dies an abgeschnittenen Giftzangen sehr bequem im Uhrschälchen studieren. Reize ich die Innenseite der Zangen nur mechanisch mit einer feinen Borste, so schließen sie sich nur für einen Augenblick, um sich sofort wieder zu öffnen. Reize ich nur chemisch — was in der Natur nicht vorkommt — so speien die Giftdrüsen ihren Saft aus, aber ein Schluß der Zangen kommt überhaupt nicht zustande. Aber, wenn beides zugleich eintritt, wird das Gift ausgespritzt, und es schließen sich die Zangen, um nicht wieder loszulassen.

Ein Reiz löscht den anderen aus. Sehr oft geschieht es aber im bunten Wechselspiele des Lebens, daß zwei Reize sich treffen, die nicht zu solch freundschaftlichem Zusammenspiel wie in den vorgenannten Beispielen geschaffen sind. Sind sie sich im Wege, so muß der eine weichen. Ein sehr schönes Beispiel liefert der Kratzreflex des Hundes. Wenn man einen Hund an der Flanke kitzelt, hebt er das eine Hinterbein und kratzt sich an der gereizten Stelle. Wenn man aber gleichzeitig die linke und die rechte Flanke kitzelt, dann kann dieser Vorgang nicht gut auf beide Körperseiten erweitert werden, denn schließlich will der Hund ja auch stehen. Wir sehen daher, daß auf der weniger gereizten Seite die Reaktion überhaupt ausbleibt. Der Schwächere muß also auch hier dem Stärkeren weichen. Der Fall, daß zwei gleiche Reize um die Herrschaft ringen und der Organismus sich für einen von beiden entscheiden muß, ist zwar nicht in der freien Natur, aber im Experiment recht häufig. Das klassische Beispiel liefert der seit alters her berühmte Esel Buridans, der zwischen zwei großen Heubündeln verhungerte, weil er sich für keinen von beiden entscheiden konnte. Dieser Esel ist freilich in den Schriften Buridans, der ein bedeutender französischer Philosoph des vierzehnten Jahrhunderts war, nicht zu finden, er diente den Gegnern dieses Mannes nur dazu, ihn ein wenig zu verhöhnen. Um so interessanter ist die Tatsache, daß es auch unter den niederen Tieren sehr wenige solcher Esel gibt.

Die Art, dieses zu prüfen besteht darin, daß man einem photo-
taktischen Tiere zwei Lichter vorsetzt, so daß es sich entscheiden
muß, ob es zu dem einen oder zu dem anderen hinkriecht. Die
meisten Insekten und Krebse, auch schon der kleine Wasserfloh,
ja sogar die Seesterne, sowie manche Borstenwürmer fassen in
einem solchen Falle eine ganz klare Entscheidung und kriechen
auf das eine Licht zu, ohne das andere im geringsten zu beachten.
Mitunter kann man in sehr launiger Weise beobachten, daß das
Tier zwischen den beiden ihm gebotenen Reizen hin und her-
schwankt wie ein Mensch, der mit sich selbst nicht ins Reine
kommt. Erst schwimmt der Wasserfloh ein Stückchen auf das
linke Licht zu, dann sagt er sich: Nein, halt, doch lieber das rechte!
Aber nach kurzem wandelt ihn wiederum die Reue und so geht
es lustig im Zickzack weiter.

Mitunter kommt es auch vor, daß verschiedene Reize miteinander interferieren. Wir wollen uns nochmals mit den munteren
Garneelen befassen, die sich im Seegrase tummeln. Solange sie
schwimmen, müssen sie den Weisungen der Statocysten gehorchen,
die ihnen exaktes Bauchschwimmen gebieten. Sobald das Tier
aber mit seinen dünnen feinen Beinchen ein Algenblatt oder einen
Stein berührt, ist es diesem Zwange nicht mehr unterworfen.
Es würde dies für ihn auch einen unausstehlichen Zwang bedeuten,
denn er könnte sich dann nur auf horizontale Gegenstände setzen.
So aber sehen wir, daß sich die Garneele in jeder beliebigen Positur
niederlassen kann, ohne sich im geringsten um die Schwerkraft
zu kümmern. Die Tastreize, die mit den Füßen aufgenommen
werden, löschen also die Schwerkraftreize aus. Nun sind aber
auch die Augen da, die beim freien Schwimmen die Bundes-
genossen der Statocysten sind, und es erzwingen, daß der Rücken
dem Lichte sich zukehrt. Wir nennen dies den Lichtrückenreflex.
Die Haltung des schiefsitzenden Krebses scheint zu beweisen, daß
auch die Augen durch den Tastsinn der Füße gehemmt werden,
aber es ist leicht zu zeigen, daß die Dinge ganz anders liegen. Nehme
ich nämlich die Statocysten weg, so geht der Krebs sofort in eine
Haltung über, wie sie der Lichtrückenreflex befiehlt, der sich erst
jetzt frei auswirken kann. Es stehen also hier drei Reize miteinander
im Kampf. Während die Tasteindrücke der Füße die Schwerkraftreize
auslöschen, verhindern diese, daß die Augen zur Geltung kommen.

Die Willensfreiheit. Der Philosoph hat es nur mit dem Menschen zu tun, dessen unübersehbare Kompliziertheit ihm immer neue Fragen vorlegt. Der Biologe hat es mitunter ganz gern, sich mit recht einfachen Lebewesen zu befassen, die meist auf eine einfache Frage eine einfache Antwort geben. Bei allem niederen Getier tritt auf einen bestimmten Reiz in nahezu 100% der Fälle eine bestimmte Antwort ein, eine Zwangshandlung, wenn wir so wollen, die uns allzuleicht verleitet, von einem Reflex zu reden. Wir sahen: Wenn ich die Schmeißfliege scheuche, die meine Morgenruhe stört, flieht sie mit Sicherheit zum Fenster hinaus. Scheuche ich aber eine Katze, die zu ebener Erde durchs Fenster in mein Zimmer kam, so kann ich den Erfolg meines Handelns in gar keiner Weise voraussehen. Freilich kann auch sie die Flucht durch das Fenster ergreifen, aber ebensogut ist es möglich, daß sie sich unter das Sofa verkriecht oder, daß sie mir voller Bosheit ins Gesicht springt. Das höhere Tier hat eine viel größere Auswahl des Handelns, eine größere Handlungsfreiheit, weil seine besseren Sinnesorgane es befähigen, viel mehr zu unterscheiden, anders gesagt, weil seine Umwelt unvergleichlich viel reicher ist. Für das Fliegenauge gibt es nur das helle Fenster und das dunkle Zimmer, die Katze sieht tausend Einzelheiten: das Sofa, den Schrank, die finstere Ecke, mich, den Verfolger, das Fenster usw. Welchem von diesen zugleich auf sie einstürmenden, optischen Reizen sie bei ihrer Bewegung folgen wird, ist nicht vorauszuberechnen und daher bekommen wir den Eindruck, daß das Tier willkürlich handelt.

Beim Menschen liegen die Dinge noch viel verwickelter. Bei den meisten Dingen, die wir tun, achten wir nicht nur auf unsere momentanen Sinneseindrücke, wie es die Tiere, diese Kinder des Augenblicks tun. Mannigfache Erinnerungsbilder tauchen zugleich vor unserer Seele auf, Sinnesreize vergangener Zeiten, die, gleichsam wieder zum Leben erwachend, mit den jetzigen rivalisieren und unser Tun mitbestimmen. Blitzschnelle Überlegungen, die an das Wahrgenommene anknüpfen, geben dem einen Sinneseindruck mehr, dem anderen weniger Gewicht, und die Resultate all dieser Geschehnisse sind unser „Entschluß". Wie kommt er zustande? Wir Menschen glauben, daß wir in souveräner Beherrschung der Lage nach Prüfung aller Dinge, die wir durch unsere

Sinne erfahren und im Gehirn verarbeitet haben, frei entscheiden dürfen. Es ist, als ob eine vielköpfige Ratsversammlung dem Könige die Vorschläge mache, ein jeder von seinem Standpunkte aus, der eine mit lauter Stimme und im Brustton der Überzeugung, ein anderer mit schlichten Worten, die Dinge für sich selbst reden lassend. Er aber, der König, hört alle an und entscheidet dann nach freiem Ermessen, nicht immer zugunsten des Schreiers. Dies ist die göttliche These von der Willensfreiheit, des Lieblings der Philosophen.

Vielleicht ist sie aber nur ein leeres Trugbild, das unsere Eitelkeit uns vorgaukelt. Vielleicht gibt es in unserem Seelenstaat gar keinen solchen König und unsere Entschlüsse, auf die wir uns so viel einbilden, sind weiter nichts, als was sie bei den Tieren sind: der Erfolg des Wettstreites vieler Sinneseindrücke, der, uns selbst gar nicht bewußt, in unserem Innern sich abspielt.

Mancherlei spricht zugunsten dieser banaleren Hypothese. Man braucht die Reizsituation nur einfach genug zu gestalten, indem man einen Reiz über alle anderen dominieren läßt, und der stolze Mensch sinkt von der Höhe seiner Willensfreiheit zum Tier herab, das auf bestimmten Reiz zwangsmäßige Antwort gibt. Stelle ich unter eine Gruppe von Menschen ein Gefäß mit Wasser, so wird sich normalerweise nichts besonderes ergeben. Tue ich aber dasselbe mit Menschen, die seit Tagen der Durst martert, und denen die Zunge am Gaumen klebt, so werden sie sich alle mit wilder Leidenschaft auf das Wasser stürzen, sie werden positiv hydrotaktisch werden, genau so, wie der Wasserfloh phototaktisch wurde, als wir die Kohlensäure ins Wasser gossen.

Die Assoziationen. Der Reiz, der einen unserer Sinne trifft, ist oft scheinbar vergänglichster Art. Nur für einen Augenblick zieht der Klang einer Melodie an unserem Ohr vorüber, nur für wenige Sekunden vielleicht trifft unser Blick im Straßengewühl auf ein Menschenantlitz, dessen Eigenart uns fesselt und unsere Phantasie erregt. Aber diese flüchtigste Berührung unserer Sinnessphäre genügt, um Melodie oder Mensch nach Monaten wiederzuerkennen, wenn es der Zufall fügt, daß wir ihnen wieder begegnen.

Habe ich ein einziges Mal den Duft italienischen Speiseöls genossen, so fällt mir dies vielleicht selbst nach Jahren wieder ein, wenn ich ein zweites Mal dem gleichen Dufte begegne. Also ist, als ich das erstemal dieses Öl roch, eine dauernde Veränderung mit mir vorgegangen. Unmerklich selbst für den mikroskopischen Beschauer, aber dennoch mit erstaunlicher Festigkeit, ist in irgendeiner Gehirnzelle oder einer Gruppe von solchen beim Riechen des Öls eine strukturelle Veränderung eingetreten, die sich im Akte des Wiedererkennens geltend macht, wenn derselbe Reiz zum zweiten Male an mich herantritt. Aber nicht nur dies kann ich an mir selbst beobachten. Gesetzt den Fall, daß ich die Bekanntschaft des Olivenöls im sonnigen Süden machte, aber in meiner Küche, wenn irgendein leckeres Mahl bereitet wird, ihm zum zweiten Male begegne, so kann ich ein wahres Wunder erleben. Urplötzlich, wie ein geisterhafter Spuk erscheint vor meiner Seele das ferne südliche Land, ich höre die melodische Stimme der Straßenverkäufer, das Geschrei der Eseltreiber, ich sehe die lachende Sonne und das bunte malerische Bild der italienischen Gasse. Liebe Menschen fallen mir wieder ein, mit denen ich dort unten vor Jahren eine Stunde sonniger Lebensfreude genoß, und dies alles hat der Geruch des bratenden Öls in der Küche vollbracht.

Die Wissenschaft bezeichnet diesen Vorgang, einen der wunderbarsten in dieser ganzen Welt, mit dem Worte Assoziation. Man versteht darunter in nüchternster Sprache, daß sich bei gleichzeitiger Reizung verschiedener Sinne zwischen den erregten Bezirken des Gehirns zarte Querverbindungen bilden. Sie bleiben bestehen, monatelang, jahrelang, lebenslang, und wenn viel später ein einziger der früheren Sinneseindrücke wieder anklingt, dann läuft die Erregung auf diesen Querverbindungen zu den anderen Bezirken und schafft in ihnen einen Zustand, als wären sie selbst gereizt.

Die Assoziationen sind keine Eigenheit des Menschen. Sie sind für alle Tiere von der größten Wichtigkeit, und vielleicht gibt es überhaupt keine Tiere, selbst unter den kleinsten und einfachsten, die ganz ohne Assoziationen auskämen. Das wunderbare Erlebnis des Wiederemportauchens ganzer Situationen vergangener Zeiten spielt sich aber verborgen in unserer Seele ab. Selbst einer der dicht neben dem sitzt, der solches erlebt, wird nichts davon gewahr werden. So bleibt es unserer Phantasie überlassen, zu glauben oder nicht zu glauben, wie weit derartiges bei den Tieren verbreitet ist.

Dafür gibt uns aber das Tier die Möglichkeit, die Assoziationen in ihrer einfachsten Form zu studieren und so in ihr Wesen etwas näher einzudringen.

Nehmen wir als einfachsten Fall an, daß irgendein Reiz, der die Sinneszelle S_1 trifft, stets eine bestimmte reflektorische Bewegung

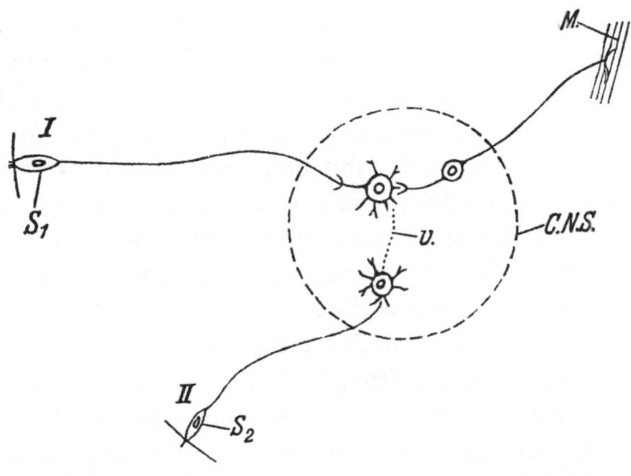

Abb. 55. Darstellung der im Nervenzentrum bei der Assoziation beteiligten nervösen Elemente. S_1 den Hauptreiz aufnehmende Sinneszelle, S_2 den Begleitreiz aufnehmende Sinneszelle. V Verbindungsbahn, $C.N.S.$ Zentralnervensystem, M Muskel.

bewirkt, und gesellen wir ihm einen zweiten Reiz bei *(S₂)*, der für sich allein gar keine Folgen nach sich zieht, so stellt sich mit der Zeit zwischen ihren Zentren im Innern des Nervensystems eine Verbindung her, die dem Begleitreiz einen Anteil am reflektorischen Geschehen ermöglicht. (Abb. 55). Lassen wir jetzt den ersten Reiz ganz beiseite und nur den ursprünglich wirkungslosen zweiten Reiz in Erscheinung treten, so erfolgt nunmehr auf ihn allein dieselbe motorische Reaktion, die anfangs nur auf den ersten Reiz hin sichtbar wurde.

Der berühmte russische Forscher *Pawlow* hat das Zustandekommen derartiger Assoziationen besonders am Hunde studiert. Man kann einem Hunde, jedesmal wenn er etwas zu fressen bekommt, eine rote Scheibe zeigen, oder man kann etwa einen Pfiff ertönen lassen, er merkt es sich dann sehr bald, daß das Futter und der Pfiff zusammengehören und reagiert nach kurzer Zeit auf den Pfiff allein genau so wie auf das Futter, das er gar nicht bekommen hat. Es läßt sich dies höchst objektiv feststellen. Der Futterreiz bewirkt nämlich, daß dann dem Hund der Speichel im Munde zusammenläuft; durch besondere Methode kann man diesen Speichelfluß genauestens messen, und es zeigt sich nun, daß der Speichel auch dann zu tropfen beginnt, wenn das Tier nur das Futter sieht oder nur die rote Scheibe oder den Pfiff gewahr wird. Die beliebigsten Reize lassen sich miteinander assoziieren. Wenn man den Hund z. B. eine Zeitlang, bevor er das Futter erhält, zwickt, so stellt sich, so absonderlich dies auch klingen mag, der Speichelfluß nach einiger Zeit auch dann ein, wenn nur gezwickt wird. Beim Tiere, dessen Empfindungswelt uns verschlossen ist, kennen wir keine Assoziationen, die nicht von einem äußeren Reize ihren Ausgang nähmen. Beim Menschen ist dies anders. Wir sahen, daß durch die Assoziation mit anderen Reizen unsere Sinneszentren in einen sehr merkwürdigen Zustand geraten: sie verhalten sich ähnlich, wie wenn sie unmittelbar durch die ihnen zugehörigen Sinneszellen gereizt wären. Es ist zur Auslösung dieser sehr auffallenden Erscheinung aber nicht einmal notwendig, daß ein bestimmter äußerer Reiz als Erwecker solcher sinnlicher Vorstellungen auftritt. Der bloße Gedanke genügt sehr oft hierzu.

Die einzelnen Sinnesgebiete verhalten sich allerdings hierbei sehr verschieden. Es ist vielen Menschen unmöglich, sich einen bestimmten Geruch oder Geschmack vorzustellen, dagegen sind wir im Gebiete gerade der Sinne, die am meisten Einfluß auf unsere Seele haben, im höchsten Grade zu sinnlichen Vorstellunlung befähigt. Fast jeder ist wohl imstande, irgendeinen Menschen der vielleicht längst kein Gast mehr auf dieser Erde ist, im Geiste ins Zimmer treten zu lassen. Leibhaftig sehen wir seine Gestalt und alle seine Bewegungen. Wir sehen, wie er sich den Bart streicht und sein dunkles Auge ruht forschend auf unserem Antlitz, so wie es einst gewesen ist. Wir hören sein Lachen, sein Räuspern und den Klang seiner Worte, der in Wahrheit nie mehr unser Ohr erreichen wird.

So werden wir gewahr, daß unser Gehirn, losgelöst von allen äußeren Sinnen, dennoch den Niederschlag früherer Sinneseindrücke

abgeblaßt und schemenhaft uns vermittelt wie ein Zauberspiegel
im Märchen, der das Bild dessen, der einst hineinschaute, festhält und dem Wünschenden von neuem erscheinen läßt. Gäbe
es nicht diesen inneren Sinn, als Abglanz alles dessen, was durch
die Pforten von Auge und Ohr im früheren Leben Eingang zu
unserer Seele fand, so wäre das Altern ein gar trauriges Ding.
Wenn der Kreis unseres Lebens seiner Vollendung naht, verlassen
unsere Sinneskräfte, den dürren Blättern gleich, die der Herbst-
sturm vom Baume schüttelt, mehr und mehr unseren müden Leib.
Ohr und Auge werden stumpf und matt und sind nicht mehr
fähig, die Schönheit dieser Welt in sich aufzunehmen. Dann ist
es die Welt unserer Vorstellungen, die uns erlaubt, noch einmal
durchzukosten, was uns im Leben Schönes beschieden war, und
so den Schluß unseres Erdendaseins freundlich gestaltet.